U0919885

一本书读懂葡萄酒

300道问答轻松从菜鸟变达人

（韩）洪在庆 著　李光日 译

浙江出版联合集团
浙江科学技术出版社

图书在版编目(CIP)数据

一本书读懂葡萄酒:300道问答轻松从菜鸟变达人 / (韩)洪在庆著;李光日译. — 杭州:浙江科学技术出版社,2014.7

ISBN 978-7-5341-6058-5

Ⅰ.①一… Ⅱ.①洪… ②李… Ⅲ.①葡萄酒—问题解答 Ⅳ.①TS262.6-44

中国版本图书馆CIP数据核字(2014)第139763号

书　　名	**一本书读懂葡萄酒:300道问答轻松从菜鸟变达人**
著　　者	(韩)洪在庆
译　　者	李光日
审核登记号	图字:11-2012-64号

出版发行	浙江科学技术出版社 地址:杭州市体育场路347号　邮政编码:310006 联系电话:0571-85058048
排　　版	杭州兴邦电子印务有限公司
印　　刷	浙江新华印刷技术有限公司

开　　本	880×1230　1/32	**印　　张**	7.5
字　　数	153 000		
版　　次	2014年7月第1版		2014年7月第1次印刷
书　　号	ISBN 978-7-5341-6058-5	**定　　价**	38.00元

责任编辑 梁　峥　**责任校对** 王巧玲　**责任印务** 徐忠雷

这本书是和自己的约定

2000 年，当全世界的人为了迎接新世纪的到来而心潮澎湃时，我用“Hong’s Wine Class”开始了我的演讲之路。起初是以几位葡萄酒爱好者为对象来进行演讲，这样的情况持续了 10 年。这期间，因葡萄酒结缘的人大概有数千人吧。回想起来真是件既激动又自豪的事情。

我并非一开始就喜欢上了葡萄酒。我喝过的第一杯葡萄酒是母亲自酿的，味道有点酸甜。虽然在酒店工作时接触过很多品种的葡萄酒，但我仍然更喜欢母亲自酿的葡萄酒。俗话说“心急吃不了热豆腐”，我花了很长时间来了解葡萄酒。此后，与其说我喜欢品葡萄酒，不如说我憧憬通过葡萄酒来认识世界。从打着漂亮的蝴蝶结试饮葡萄酒的品酒师前辈身上，我仿佛看到了从没有经历过的崭新、优雅、成熟的世界。从那位前辈身上第一次了解葡萄酒，现在回想起来，那时我什么都不懂。但事实证明当我们喜欢做某件事时会遇到令人意想不到的机遇，把握机遇之后，努力也同样很重要。

俗话说“晚学更求来世达”，晚入门的我把更多的时间和热情投入到了葡萄酒上。那时的我即便只是在葡萄酒储藏室里看着、摸着葡萄酒瓶也觉得高兴。像其他收藏家一样，为了求购喜欢的葡萄酒会想尽一切办法。但随着进一步了解葡萄酒，就像进了迷宫，越了解就越难理解，所以我决心“为了跟我一样征服难解的葡萄酒而辛苦学习的人们做一些有用的事”。做了 15 年的侍者和侍酒师，我把学到的知识记录了下来，梦想着有一天这些知识能为我和其他朋友提供帮助。

为了实现梦想，我结束了酒店的工作，踏上了教育之路。我整理之前写的笔记，挑选既容易又有趣的内容，用 300 多个问答的方式撰写了这本书。这本书只是方便那些对葡萄酒一窍不通的人可以简单明了地了解在不同的场合如何选择恰当的葡萄酒，以及怎么样用心品尝葡萄酒，不会传授深奥的葡萄酒知识。当然，我会把各种葡萄酒的特征、酿造葡萄酒的过程详细地写入这本书。

本书的出版受到了韩国侍酒师协会成员、韩国调酒师培训学校同门，以及韩国威斯汀朝鲜酒店前后辈们的极大帮助，在此对我的老师韩尚敦室长和尊敬的金荣伸理事表示衷心的感谢。我还要对把可能是一堆废纸的笔记编辑成书的 Esoope 出版社金文英室长和认真负责校对本书的我的朋友、同事、韩国调酒师培训学校成中勇副院长和赵秀敏君等人表示感谢。

最后感谢对本书给予支持的我最爱的老婆英珠和给我的书画插图的儿子贤胜，还有养育我的父亲、母亲……我很想念你们。我爱你们！

2011 年 10 月
洪在庆

Part 1 葡萄酒，知则为真看

Part 2　葡萄酒，会享受才会好喝

Part 3　葡萄酒，深入了解才会更幸福

一、葡萄酒的品种和酿造

二、了解葡萄

三、读懂酒标

四、葡萄酒与酒杯

Part 4　葡萄酒与文化

五、此时要饮用这种葡萄酒

Part 1
葡萄酒，
知则为真看

即使品酒师之间也会对“是否需要教如何拿葡萄酒杯”这个问题有不同的看法。事实上，不管怎么拿，都不会影响葡萄酒的味道。在有悠久葡萄酒历史的国家，不会像我们一样对怎么拿葡萄酒杯而苦恼。

有一次，学生问了我这样一个问题：“老师，以前法国外宾访问我国时，我看到他们直接用手握葡萄酒杯肚，这跟我们学的不一样，为什么呢？”

这使认为“喝葡萄酒时直接用手握杯肚不是很有礼貌”的学生有了较大的困惑。其实这也不是一件令人惊讶的事。我们时常能看见各国首脑们在宴会上很自由地拿着葡萄酒杯，有的人直接握住杯肚，有的人很优雅地拿着杯柄喝酒。去法国或意大利的山村旅游时，你会发现当地居民也像我们用大碗喝酒一样使用汤碗喝葡萄酒。因此，有的人认为没有必要教怎样拿葡萄酒杯，我也认为以拿葡萄酒杯的方式来判断这个人是否有葡萄酒修养是不对的。

说说我小时候的经历吧。我在家最小，所以母亲很疼我。但同母亲一起在饭桌上吃饭让我很头痛，因为母亲认为饭桌上的礼仪能体现出一个人的人品。因此，每天吃饭时她都严格地教我很多饭桌上的礼仪，从如何拿勺子、筷子到怎样夹饭菜、撤饭桌等，这时候的母亲很认真、严肃。母亲经常讲："有饭桌礼仪的人出去不会被人看低。"

一手拿起辣白菜放在热饭上吃……想一想都嘴馋。但你有勇气在男女双方父母见面时在饭桌上这么吃吗？就像有句歌词里讲的："不懂用筷子也不会饿死，但这样会被别人误以为是对饭菜的不满。"

"怎么拿葡萄酒杯？"

我把选择权留给大家。

1. 拿葡萄酒杯的方法

Q1 怎么拿葡萄酒杯?

通常使用右手的拇指、食指和中指拿起杯柄的中部，但这个方法不利于长时间站着享受派对，因为长时间用三个手指拿杯柄不是一件容易的事。因此，告诉你比较简单

的方法吧。首先，用拇指和食指拿起杯座上方的杯柄部分，然后将中指平稳地放在杯座底下。这样杯子就不会轻易地脱落，而你也可以优雅地享受派对。

葡萄酒杯

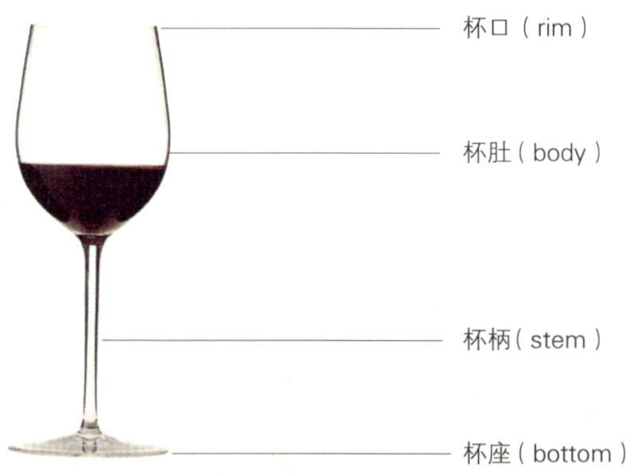

Q2 葡萄酒杯柄一定要像 Q1 一样拿吗？

怎样拿葡萄酒杯取决于个人习惯，但有时改变拿杯方式可以转换气氛。例如，拿起杯柄比拿起杯肚更有安全感，而且更美观。女生拿着杯肚干杯会显得不雅观，这样的人在用拿葡萄酒杯的方式判断葡萄酒修养的韩国，有可能会被视为门外汉。

认为拿杯柄好的人会这么讲：要是拿杯肚，指纹会把杯肚弄脏，适当温度的葡萄酒也会因手温而变味。就好像冬天吃冷面，面也得是凉的；夏天喝热汤，汤也得是热的一样，葡萄酒也有适合喝的温度。事实上，如果坐在桌上喝葡萄酒，因为用手拿杯的时间短，葡萄酒不会受到手温的影响。但如果要长时间站着拿杯享受派对，那么最好拿杯柄，这样对维持葡萄酒的味道会有帮助。

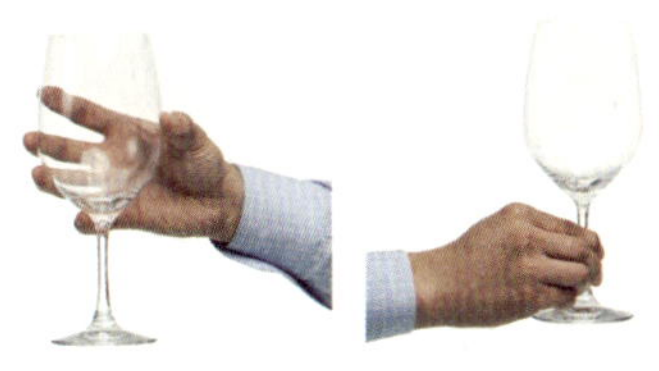

Q3 怎样才能有风度地拿着葡萄酒杯碰杯？

葡萄酒的碰杯方法与其他酒类相同，互相碰酒杯就行。

只是葡萄酒杯与其他酒杯不一样，杯肚又薄又大且易碎，因此碰杯时要彼此碰酒杯最突出的部分。

来，跟着下面的方法一起做。

第一，互相对上目光之后，拿起杯子向对方倾斜酒杯（约45度角）后碰杯。

第二，只与两侧和对面的人直接碰杯。

第三，与坐在隔一个座位或者更远地方的人直接碰杯可能会让夹在中间的人感到不便，因此要尽可能避免。这时应使用“远程控制”方法。先把杯子举到嘴巴的高度，再彼此对视目光，用微笑来代替碰杯。即使坐得很远也能用这种方法碰杯。这种方式常出现在电影里，彼此相隔较远的男女主人公举杯对视碰杯的场景……这并不是为了不轨的意图来演的。

Q4 在西餐厅侍者倒葡萄酒时是否要拿起杯子?

坐在餐桌上就餐，侍者倒葡萄酒时不用拿起杯子。斟酒服务员或侍者倒酒时最好把身体向左倾斜一点，这样有便于更安全地倒酒。如果斟酒服务员倒完了酒，你可以用小手势或眼神来表示你的谢意。

Q5 当西餐厅的葡萄酒服务很慢时可以自己倒酒吗?

最好不要这样。如果是很随意的场所可以依据当时的气氛，自己倒酒，但这时最好与斟酒服务员打一声招呼，请他谅解后方可自己倒酒。因为提供服务是服务员的职能，而且非专业的人倒葡萄酒可能会发生事故从而搞砸派对。如果觉得斟酒服务员的服务有点慢，最好跟服务员提出要求。

Q6 参加站式派对时选择哪种杯子较好?

通常在站式派对上除了提供葡萄酒，还有啤酒、威士忌、果汁、软饮料等。因此，可以选择自己想喝的饮料，不同的饮料会提供不同的杯子。喝果汁或威士忌时通常用外形像啤酒杯的海波杯。海波杯与葡萄酒杯不同的是没有杯柄，所以长时间拿着不方便，并且通常还装着冰块，用手直接拿会弄湿手。如果用弄湿的手与别人握手，可能会让对方感到不愉快，所以最好用餐巾纸把杯子围一圈后再拿。另外在派对上最好使用葡萄酒杯，这样会显得更优雅。

Q7 参加站式派对时怎么取葡萄酒?

参加站式派对时得自己去吧台取酒。通常会有提供饮料的地方，可以直接点自己喜欢的葡萄酒。

喝完一杯后要续杯时应拿着酒杯接酒。续杯时为了避免浪费，最好提前告知服务员自己所需的量。

由于葡萄酒杯薄、易碎，这时不要随便移动酒杯，以免发生安全隐患。

2. 可以缓解派对气氛的葡萄酒试饮

Q8 葡萄酒为什么要试饮？

古往今来，先给客人提供食物和饮品是一种礼节。但喝葡萄酒时主人会在客人面前先品尝其味道，这其中有它的历史原因。中世纪的欧洲和我们想象的那个优雅、美好的时代并非一致。看过以中世纪的欧洲为背景的电影的人会知道在电影里常出现在饭桌上拿刀杀人或企图毒死别人的场景。所以主人们为了让客人放心，先品尝葡萄酒成了一种习惯，即“葡萄酒里没毒，可以放心饮用”的意思。吃饭时不能晃拿着餐刀的手和不能把手放在餐桌下也是因为怕有什么阴谋。但如今是为了测葡萄酒的新鲜度而不是因为这种理由而试饮。葡萄酒与其他饮品不同，如果管理不善会变质。不能把变质的葡萄酒给客人喝。

Q9 派对上可以省略试饮过程吗？

可以省略，但对客人而言是不礼貌的行为。如之前的说明，试饮葡萄酒的目的是为了判断葡萄酒的新鲜度。韩国人会用谦逊的态度说："我不太懂葡萄酒，就直接倒吧。"但这不是好的提议。因为站在客人的立场可以理解为"这位客人并不重要，不需要先试饮葡萄酒来判断其新鲜度"。站在侍者的立场可以理解为"这位客人不懂葡萄酒，因此可以应付了事"。这对客人而言是非常失礼的行为。因此最好在喝葡萄酒时先试饮。

Q10 派对上由谁试饮葡萄酒最合适?

一般，组织派对的人会先试饮葡萄酒。派对组织者除了要准备派对、挑选菜单和葡萄酒，试饮葡萄酒也是一种惯例。组织派对是体现组织者能力的好机会。在人多的派对上，被邀请人会以谁先试饮葡萄酒判断谁是本场派对的组织者。自己花钱组织派对，但给别人机会炫耀，这是笔有损失的投资。笔者认为试饮葡萄酒必须要让派对组织者来做。

Q11 派对上因为感冒不能试饮葡萄酒时要委托给谁?

这时，首先告知客人自己是组织者并且解释不能试饮葡萄酒的原因，之后表示歉意，再是直接指定替本人试饮葡萄酒的人。可以选择任何来参加派对的人试饮葡萄酒，但如果选择的人不太懂葡萄酒，那么被选的人也会有压力，因为有可能喝到变质的葡萄酒。如果指定的人不是很理想，那么可以请侍酒师帮忙。这样至少不会喝到变质的葡萄酒，而且可以从侍酒师身上学习关于试饮的知识。

Q12 在西餐厅试饮葡萄酒后如果觉得不好喝可以要求换其他葡萄酒吗?

虽然站在客人的立场应该要换，但餐厅并没有必须要给客人换的义务。在餐厅只有一种情况可以免费换其他葡萄酒，那就是葡萄酒变质了。这时可以退葡萄酒，也可以换同种或其他种类的葡萄酒。但客人如果用“以为是甜味的葡萄酒，但打开后不甜或与自己想的不一样”等理由来要求换葡萄酒，餐厅并没有必须换的义务。

Q13 试饮完葡萄酒后该如何表达味道?

可以表达自己感受到的味道。但这说起来容易做起来难。笔者起初试饮完葡萄酒时也有各种感觉，但想要表达时就词不达意了。其实最舒服、简单的说明就好。

要注意以下三点：

第一，不要炫耀关于自己对葡萄酒了解多少的知识量。这会让气氛尴尬。

第二，最好用肯定的语言表达，用放松的姿态试饮葡萄酒，把客人的目光集中到自己身上后抿一小口，带着笑容说“这酒真香！”或“很好喝！”等来称赞这瓶葡萄酒。这样，派对气氛也会随之活跃起来。

喝这瓶葡萄酒能联想起米勒的《晚钟》吗？

有一部叫《神之水滴》的漫画从出版以来一直就有着很高的人气。这部以葡萄酒为主题的漫画书深受葡萄酒爱好者和一般读者的喜爱，人气颇高，还被制作成连续剧和动画片。

对葡萄酒有兴趣的人看过这部漫画书之后会对漫画里主人公试饮葡萄酒后描述味道的语言产生质疑。例如对“喝 ×× 葡萄酒时会联想起乐队主唱 ×× 热情洋溢的舞台魅力”或“喝 ×× 葡萄酒会联想起米勒的《晚钟》”等描述产生质疑。喝完葡萄酒真的能联想到这种场景吗？这是否只是漫画里夸张的设定呢？因此有人为了体会主人公的感受，会买书里介绍的葡萄酒来品尝。这也可以看作是一种学习葡萄酒的过程，但不能用这种学习方法来启发品酒感觉。这种方法不仅不能很好地享受葡萄酒，反而会使品酒的人有压力。

笔者初学葡萄酒时有很多与国外专业的葡萄酒研究者交流学习的机会。那时笔者最不能理解的就是关于葡萄酒味道的描述，对草莓味、松香气、动物皮毛味等描述的认知也很生疏，很难理解用语言来表达的个人对葡萄酒味道的感受。

有很长葡萄酒酒龄的人们描述葡萄酒味道时会用自己的个人经历表达：“品这葡萄酒让我想起了我的奶奶。因为喝完 3 秒后，从内而外散发出来的果香很像小时候奶奶给我做的糖果的味道。”听到这种描述时我很难理解是什么味道，心里感到困惑。

喝清国酱汤（一种韩国民俗饮食）时，有人会想起母亲，有人会想起奶奶，甚至有人会想起初恋。笔者会想起儿时与母亲用大锅打黄豆和用炭火烤土豆吃的场景。但如果是第一次喝清国酱汤的外国人，那一定体会不到我说的这种感觉。

所以知多少才能看多少，经历多少才能体会多少。回忆是对过往的记忆，明天到来，今天就成为了回忆里的小碎片。今天晚上就用一瓶葡萄酒与家人、朋友们一起制造美好的回忆吧！葡萄酒就像一名记忆传递员，将来重新喝同款葡萄酒时就会想起今天美好的时刻。

第三，不要表现得过分否定。如果用“味道怎么这样？”或“葡萄酒好像变质了”等否定性言语表达，那么即便葡萄酒没有问题也会破坏派对气氛。所以，应该用肯定的态度看待葡萄酒。作为客人也应该这样。

Q14 在餐厅试饮葡萄酒后发现有问题该如何处理？

有时试饮后会发现葡萄酒有问题。如果在客人面前过于强调葡萄酒的缺点反而会给其他人留下爱挑剔、爱表现之类的印象，从而影响派对气氛。但也没必要因为这样去喝有问题的葡萄酒。这时最好在不被客人发现的情况下找侍酒师或经理确认是否有问题，可以对侍酒师说：“请您试饮后给大家介绍一下吧。”侍酒师会在试饮后判断葡萄酒是否异常，如有异常会及时更换。

Q15 每次试饮时是否都要换葡萄酒杯？

先从结论开始讲，必须要用干净的杯子试饮葡萄酒。因为已使用过的杯子里含有之前葡萄酒的香气，那么将会影响品尝新的葡萄酒，从而不能准确地判断新葡萄酒的味道和香气。如果是喝同种类葡萄酒，那就没必要换新杯。

1. 看葡萄酒瓶外观

Q16 葡萄酒瓶有哪些形状?

虽然葡萄酒瓶有很多形状，但常见的有以下几种：

勃艮第风格
流线形的瓶身，有女性美。

波尔多风格
肩部较高，有气派，有男性美。

Q17 葡萄酒瓶也有名字吗？

除了一部分特殊的葡萄酒瓶（如意大利 Fiasco 瓶），其他的葡萄酒瓶都没有名字。酒瓶的外观只会用于表现自己的个性。

Q18 葡萄酒瓶是怎样命名的？

通常会与地名相同。波尔多（Bordeaux）、勃艮第 (Bourgogne)、阿尔萨斯 (Alsace) 等地区是法国著名的葡萄酒产地，拥有自己独特的葡萄酒瓶设计风格。虽然不能准确地知道从何时开始用这些形状的瓶，但每个地方都使用固有的葡萄酒瓶设计来延续着自己的传统。

特别是波尔多瓶，外观肩部较高而且有角，因为波尔多葡萄酒与其他地区葡萄酒相比沉淀物较多。虽然沉淀物对身体无害，但倒在酒杯里会使葡萄酒变得浑浊，喝上去口感也会比较涩，因此过滤沉淀物后品尝口感会更好。倒波尔多葡萄酒时通过酒瓶有角的部分会过滤掉一些沉淀物。

波尔多瓶

勃艮第瓶

德国（法国阿尔萨斯）瓶

冰酒瓶

香蒂 Fiasco 瓶

Q19 葡萄酒会因葡萄酒瓶不同而有所区别吗?

葡萄酒瓶的产地不同，其外观也会有所区别。还与地区葡萄品种有密切关系。例如，波尔多瓶主要装赤霞珠（Sauvignon Cabernet）、梅乐（Merlot）等红葡萄品种和长相思（Sauvignon Blanc）、赛美容（Semillon Blanc）等白葡萄品种的葡萄酒。

勃艮第瓶用来装黑比诺（Pinot Noir）、西拉（Syrah）等勃艮第和罗讷河谷（Rhone）地区的红葡萄品种以及霞多丽（Chardonnay）等白葡萄品种的葡萄酒。此外，阿尔萨斯瓶用来装雷司令（Riesling）、琼瑶浆（Gewürztraminer）等阿尔萨斯地区的葡萄酒品种。因此，"新世界"也产生了把特有的葡萄酒品种装在有地区特色的葡萄酒瓶中的趋势。所以，一看葡萄酒瓶的外观，一定程度上也能判断出装了哪种葡萄酒。

Q20 为什么葡萄酒瓶有颜色?

葡萄酒瓶有颜色是为了防止光线对葡萄酒产生影响。因为紫外线会加速葡萄酒的氧化，隔离光线能防止葡萄酒的氧化。当然，也有一部分的葡萄酒瓶没有颜色。

Q21 葡萄酒瓶有哪些颜色?

瓶色有透明色、绿色、褐色或接近于黑色的深色等多种颜色。绿色通常用于白葡萄酒瓶，有强调葡萄酒新鲜度的效果；褐色与深颜色瓶用于需要长期熟成的红葡萄酒；透明色瓶多用于黄金色的甜酒。与前面所述一样，葡萄酒瓶的颜色与葡萄酒的储存有关联，但最近也有为了使葡萄酒颜色更加突出而强调视觉方面的设计。

Q22 葡萄酒瓶全是用玻璃做的吗？

双耳细颈椭圆土罐

最早并不是使用玻璃瓶装葡萄酒的。迄今为止发现的最早装葡萄酒的容器是叫“双耳细颈椭圆土罐”（Amphora）的底面尖细的瓷器。还有就像《圣经》里说的“新酒装在新皮袋里”一样，出门时使用的用动物皮做的皮袋。而玻璃瓶是到了17世纪后才开始被使用的。几百年后玻璃瓶还被广泛使用的原因在于优秀的封闭性和透明美丽的外观，并且具备环保和可回收再利用的优点。如今除了普遍用的玻璃瓶容器外还有塑料瓶、易拉罐、纸盒等容器。

2. 葡萄酒瓶的容量

Q23 葡萄酒瓶的容量有规定吗？

葡萄酒瓶的容量用毫升（ml，在欧洲用厘升cl）表示。葡萄酒瓶的容量与其他饮料瓶相比较大。例如，威士忌瓶容量为500毫升或700毫升、韩国烧酒瓶为 360 毫升、饮料瓶为 300 毫升左右（也有大容量瓶），而葡萄酒瓶的容量一般为 750 毫升。

下面是以容量分类的名字（以香槟为例）。以 750 毫升一瓶为标准，有四分之一瓶（quarter，187 毫升）、半瓶（half，375 毫升）、一瓶（bottle，750 毫升）、1.5 升大瓶（magnum，1500 毫升）、3 升大瓶（jeroboam，3000 毫升）、4.5 升大瓶（rehoboam，4500 毫升）等容量。因为葡萄酒至少得倒满一杯，因此没有与威士忌一样的迷你酒瓶（25 毫升左右）。

不同容量的葡萄酒瓶（香槟瓶）

q24 为什么葡萄酒瓶以 750 毫升为标准？

如今的酒瓶都是在工厂里用机器制作的，但以前的瓶子都是师傅们用嘴一个一个吹出来的。制造瓶子，首先得用高温熔化玻璃，再用长吸管吹出瓶子的形状。通过高温熔化的玻璃会在制作过程中很快凝固，手工制造瓶子是高难度的工作。师傅的肺活量决定瓶子的大小，为了统一瓶子容量，人们把师傅们的平均肺活量制造出来的 750 毫升瓶子作为了标准。

Q25 酒瓶的大小不同会影响葡萄酒的味道吗?

瓶子大小对葡萄酒的味道会有一点影响，特别是对灌装后的熟成过程有较大的影响。葡萄酒瓶越大，葡萄酒接触空气的部分就越少，所以发酵速度会越慢。事实上，笔者同时试饮过同品种的 750 毫升和 1.5 升容量的葡萄酒。试饮后发现 1.5 升大瓶葡萄酒的味道更有活力、更新鲜。

Q26 酒瓶的重量有多少?

以 750 毫升瓶为标准，轻的约 400 克，重的约 1000 克。假设葡萄酒重量为 750 克，加上瓶子重量大约为 1500 克。白葡萄酒瓶最轻（400 ~ 500 克），红葡萄酒瓶重量适中（450 ~ 700 克），香槟、起泡酒瓶最重，约 1000 克。但不能用酒瓶的重量来评价葡萄酒的品质。

3. 葡萄酒瓶底

Q27 葡萄酒瓶底凹进去的部分叫什么?

凹进去的部分英文称“punt”。“punt”能让酒瓶立得更稳。“punt”的有无和深度与葡萄酒品种相关。

Q28 为什么会有“punt”?

有关“punt”的原因及发明地尚不明确。关于这个有好几种说法,下面介绍两个最有说服力的吧。

第一,以前因为制作瓶子的工艺技术不是很发达,所以很难把瓶底做成平底模样。如果瓶底有一丝突出的地方瓶子就不能放平,因此把中间部分制作成凹形。

第二,过去的瓶子都是师傅们一个一个用嘴吹出来的,不像现在用机器批量制造。因为是用长吸管吹瓶子,所以经常发生掉瓶子的事故。为了防止这种事故的发生,于是在工作台地面上摆放固定瓶子的圆木,“punt”的凹进去部分就是固定瓶子的圆木桩的印记。不管起初制作“punt”的理由是什么,如今“punt”已成为葡萄酒瓶设计的重要部分。

Q29 “punt”对葡萄酒有何具体作用？

“punt”对葡萄酒的熟成与品质的影响尚无科学依据。但倒葡萄酒时“punt”起到了重要的作用。通常，葡萄酒特别是红葡萄酒里会有沉淀物，沉淀在瓶底的物质会在倒酒时与酒一起倒出来。瓶底没有“punt”的葡萄酒瓶会轻易地将沉淀物倒进杯子，而有“punt”的瓶子里的沉淀物会沉淀在瓶底四周不易倒出来。“punt”有利于进行葡萄酒服务。大家经常会看到侍酒师在倒酒时把大拇指放进“punt”里，利用“punt”提供安全、有品位的葡萄酒服务。

Q30 “punt”的深浅与葡萄酒价格有关吗？

在国外有关于“punt”和葡萄酒价格关系的论文。论文的观点是“punt”越深，葡萄酒价格就越高。事实上，我们会发现高级葡萄酒的“punt”都很深。但这并不是衡量葡萄酒价格的标准，因为还有好几种高级葡萄酒的“punt”很浅或者瓶底是平的。可是事实上“punt”深价格就高的概率是比较大的。但最近因为葡萄酒公司发现了消费者的这种心理，通过技术升级降低瓶子的价格，所以不难发现便宜的葡萄酒也有用深“punt”瓶子的事例。

Q31 香槟瓶的“punt”比其他葡萄酒瓶深的原因是什么？

包括香槟在内的起泡酒瓶“punt”比其他品种酒瓶更深、更厚，这是为了防止香槟的气压把瓶子弄破。香槟的碳酸气压比汽车轮胎的气压还高，约有6个大气压。“punt”深、厚的瓶子有利于承受这种高压。

当然，也有例外。水晶（cristal）香槟瓶没有“punt”和颜色。俄罗斯帝国时期水晶香槟是专供皇室的香槟。皇室为了皇帝的安全提出了两个要求。即瓶子要透明而且不能有“punt”。瓶子要透明是因为能易于发现酒里是否有毒；不能有“punt”是因为预防在“punt”里装炸药。

4. 软木塞

Q32 葡萄酒瓶盖是用什么做的？

葡萄酒瓶盖是用木头做的，叫“软木塞”（cork）。软木塞是用橡树系的软木栎皮制作的。因为软木栎皮材料的伸缩性较好，在很久以前就用来制作葡萄酒瓶盖。

Q33 软木塞有什么作用？

瓶盖的目的在于防止液体泄漏，葡萄酒的软木

塞也是如此。软木塞的另一个重要作用是有益于葡萄酒的熟成。软木塞与其他瓶盖一样能防止液体泄漏，但和其他瓶盖又有区别，软木塞内部的微小组织能使空气流通，帮助葡萄酒充分呼吸。葡萄酒的熟成需要空气的帮助。当然，接触过多的空气会加速葡萄酒氧化，但接触少量空气能使葡萄酒味道更细腻。因此，软木塞对葡萄酒熟成有很大的影响。

Q34 软木塞长的葡萄酒是高级葡萄酒吗？

软木塞的长度与葡萄酒价格没有直接关系，但有一定的间接关系。软木塞的长度一般为 4.5 厘米左右，短的 3 厘米，长的 5 厘米或者更长。

前面讲述了软木塞与葡萄酒熟成有一定关系。软木塞短，接触的空气就多；软木塞长，接触的空气就少，就能长时间让葡萄酒熟成。因此，需要长期储存的高级葡萄酒的软木塞一般较长。还有，一般不需要长时间储存的葡萄酒会用短软木塞。

Q35 哪种软木塞更好?

能使葡萄酒长期储存的软木塞即是好软木塞。因此，用天然软木栎皮制作的软木塞比用软木碎片压缩成的软木塞更好。其差别在于柔软的伸缩性。越柔软摩擦力就越好，空气循环就越顺畅，有利于葡萄酒的熟成。如果软木塞不柔软，开瓶时软木塞就易碎。

Q36 蒸馏酒的软木塞与葡萄酒的软木塞有区别吗?

软木塞本身没有区别，但在用途上有很大的差异。因为蒸馏酒的软木塞不是为了熟成，因此其软木塞会用各种材料、纹样和饰品来制作。但葡萄酒的软木塞是为了葡萄酒的熟成，所以得小心翼翼地选择。

Q37 保管葡萄酒时要放平葡萄酒是因为软木塞吗?

这是为了更好地熟成葡萄酒。木制的软木塞不仅会使空气循环，而且还对空气湿度敏感。在干燥的环境下软木塞会流失水分造成收缩现象，湿度大时会膨胀。当软木塞收缩时，大量的空气会与葡萄酒接触，加快氧化速度。

放平葡萄酒会使葡萄酒与瓶里的软木塞接触，因此瓶里的软木塞会维持膨胀状态，能减少与空气的接触，防止氧化过快。相反，如果竖着放葡萄酒，收缩的软木塞会使葡萄酒与大量的空气接触，促进氧化。

Q38 开瓶后发现软木塞湿了是因为葡萄酒变质了吗?

不能用这个方法来判断葡萄酒的品质，因为也有少部分的葡萄酒酿造厂会在装软木塞的过程中把软木塞弄湿后塞在瓶口。除了这原因外还有其他的状况，那就是没有保管好葡萄酒。软木塞湿了意味着大量的空气与葡萄酒接触，这说明葡萄酒比平时氧化得更快。这一般发生在软木塞不合格或保管葡萄酒时葡萄酒已与高温接触的情况下，但不用那么紧张。虽然接触大量空气会加速氧化，但也有加速熟成的效果。事实上，笔者也经历过品尝这种葡萄酒后发现味道更浓更香的情况。

Q39 为什么有的葡萄酒封盖会突出来?

打开这种葡萄酒后经常发现软木塞是湿的。这与前面提到的情况不一样。不是因为与大量的空气接触，而是因为在保管中与高温接触，导致膨胀的葡萄酒往上顶软木塞而造成的。由于温度过高，被氧化的葡萄酒会失去葡萄酒原有的风味。因此，这类葡萄酒会在市场上以低价销售。不妨买一瓶试一试，有时也能找到味道不错的葡萄酒。葡萄酒的实际味道在没有品尝之前谁也判断不出其好坏。

Q40 葡萄酒为什么会带软木塞味?

"corky" 法语称 "bouchonne"，即软木塞被污染而不能喝的葡萄酒。这类葡萄酒占葡萄酒总数的 7%左右。

制作软木塞时会经过好几次的消毒过程。使用没有消毒好而被污染的软木塞会对葡萄酒的味道有影响。味道与正常氧化的葡萄酒不同，会有类似于发霉的味道。

Q41 葡萄酒在开瓶之前能发现是否带有软木塞味吗?

开瓶闻香之前谁也不能肯定。葡萄酒与人一样，绝对不能用外观来评价其品质。

Q42 软木塞上会刻什么内容?

法律上没有规定软木塞上必须要刻的内容。一般会刻上葡萄酒名字或制造年份等。以前为了预防假葡萄酒的流通，会把特殊号码或纹样等刻在软木塞上。当然也有没刻任何东西的软木塞。

Q43 什么叫换塞 (re-corking) ?

储存时间长的葡萄酒软木塞有时会损坏，这会使葡萄酒泄漏或加速氧化，因此要替换成新的软木塞。这个过程叫 "换塞"。虽然每个葡萄酒公司的更换时间都不一样，但通常每 15 ～ 30 年换一次。换塞会在生产葡萄酒的葡萄酒厂进行。

Q44 因为长时间储存而容量减少的葡萄酒能喝吗?

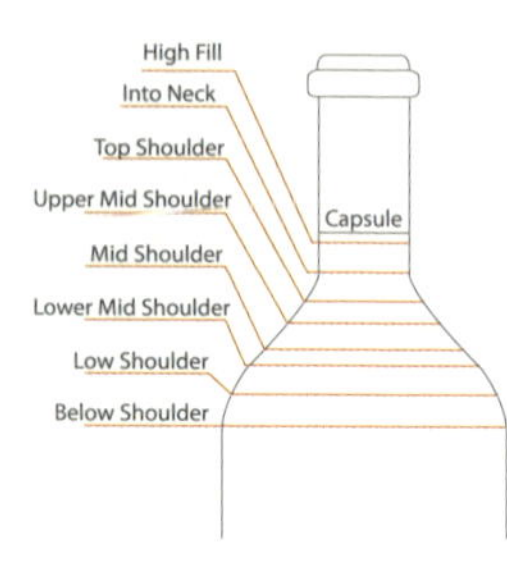

在陈年葡萄酒身上很容易发现这种现象，它是由于“损耗”(ullage)造成的。“损耗”指的是竖放葡萄酒时软木塞与葡萄酒之间的空隙。灌入葡萄酒时会留 1.5 ～ 2 厘米的空隙。虽然在发酵过程中葡萄酒的蒸发会使这空隙变大，但不能用“损耗”的大小来判断葡萄酒的品质，因为瓶里的葡萄酒减少是葡萄酒自有的现象。可是“损耗”过大的葡萄酒也有可能是有问题的葡萄酒，所以购买时需慎重考虑。

Q45 塑料瓶塞对葡萄酒的品质有影响吗?

塑料瓶塞的优点是能减少带软木塞味的葡萄酒数量，并且还可以再利用，很环保。塑料瓶塞以各种形式问市，虽然关于塑料瓶塞和天然软木塞对葡萄酒的影响的具体报道不是很多，但塑料瓶塞一般主要用于新鲜葡萄酒。塑料瓶塞基本不会用于需要长期发酵的葡萄酒。不管怎么说，还是天然软木塞更有格调。

Q46 螺旋瓶盖 (screw cap) 只被用于低价葡萄酒吗?

绝对不是。螺旋瓶盖是为了更方便地享受葡萄酒。相比“旧世界”葡萄酒，能经常在包括澳大利亚在内的“新世界”葡萄酒身上看到螺旋瓶盖。

螺旋瓶盖的优点在于无论是谁都可以随时随地享受葡萄酒。其实葡萄酒初学者在打开软木塞葡萄酒时都会有一两次失败的经历。螺旋瓶盖是为了更方便地享受葡萄酒而开发的优秀产品。还有天然软木塞有破坏自然的负面因素，而螺旋瓶盖可以再利用，并且很环保。所以最近有很多公司开始将螺旋瓶盖用于高级葡萄酒上。

Q47 使用螺旋瓶盖的葡萄酒也能长期熟成吗?

对这个问题目前尚无确切的研究报告。但使用螺旋瓶盖的葡萄酒厂称使用螺旋瓶盖的葡萄酒也能长期熟成。他们认为葡萄酒的发酵需要空气是不可避免的事实，但不是非得通过软木塞才能使空气流动，通过“损耗”里的空气也能让葡萄酒充分地发酵。笔者不久前试饮了 10 年前的螺旋瓶盖葡萄酒，发现葡萄酒发酵得很好。螺旋瓶盖对预防发霉和隔离外部异味的效果比软木塞更好。虽然一些爱好软木塞的葡萄酒酿造者拒绝比较，但是不管怎么说，现在因为软木塞供给不足使越来越多的葡萄酒酿造者采用螺旋瓶盖。澳大利亚著名的葡萄酒厂禾富酒园的所有葡萄酒品种在几年前就开始用螺旋瓶盖了。葡萄酒最重要的是其本身，笔者希望读者们最好不要太执着于瓶塞。

5. 香槟瓶

Q48 为什么香槟会用长长的锡箔包装？

香槟与其他普通葡萄酒不同，瓶口会用长长的锡箔包装。虽然如今锡箔包装能体现各公司的独特设计，但当初并非考虑设计而使用锡箔包装的。酿造香槟时为了使酒产生碳酸会在瓶里做二次发酵。发酵过程结束后瓶中会产生酵母沉淀。清除沉淀的过程叫“除渣”（degorgement）。除渣后葡萄酒容量会减少，因此会通过添加“加味液”（dosage）来完成香槟酿造，即减少的部分用新香槟填补。

以前也有不添加“加味液”就出售的香槟。由于消费者很少会购买量少的香槟，因此香槟酿造者们费尽心思把量少的部分利用锡箔遮住。锡箔是香槟酿造者们为了让消费者不拒绝购买量少的香槟而产生的想法。另外，锡箔对设计不仅有美学价值，而且对固定瓶口和防止软木塞的铁丝罩网生锈有实质性作用。

Q49 固定香槟软木塞的铁丝罩网有什么功能？

香槟和起泡酒里有不起泡（still）葡萄酒没有的碳酸。因此，香槟会有其独特的味道和香气。因为碳酸，瓶里会产生约 6 个大气压的压力。如果不用铁丝固定，瓶压很有可能会把软木塞弹出去。

Q50 香槟软木塞会比一般软木塞硬的原因是什么？

普通不起泡葡萄酒的软木塞是用天然软木雕刻而成的，而香槟的软木塞是用 3 个不同的软木块贴在一起制作而成的。最上面的一块是压缩后使用，下面两块是朝相反方向贴在一起的。这种软木塞是为了承受强大的压力而制作的。

比较香槟和普通葡萄酒的瓶口会发现两者没有很大的区别，但香槟软木塞比不起泡葡萄酒软木塞大 1.3 倍左右。为了防止强大的碳酸气体压力泄漏，需要使用比不起泡葡萄酒的软木塞更大、更硬的软木塞。

Q51 每个品种的香槟软木塞其外观都不同吗？

普通葡萄酒软木塞外观一般像“I”形，而香槟软木塞外观像松茸。香槟软木塞在使用之前与一般软木塞一样也是“I”形，但随着时间流逝其外观会发生变化，因此可以通过软木塞外观大致地判断香槟从灌装后过了多久。灌装时间越短软木塞越接近“I”形而且弹性越好。灌装时间越长软木塞越小、越硬，且顶端越尖，这是由于碳酸气体压力所产生的自然现象，与葡萄酒的品质无关。

从左到右以灌装时间由短至长来排列的软木塞

三、品尝葡萄酒

1. 品尝葡萄酒之前的准备过程

Q52 为什么盲品葡萄酒?

品尝葡萄酒的方法中有一种叫做“盲品”(blind tasting)的方法。虽然原意是“闭眼睛品酒”,但事实上品葡萄酒时不闭眼睛。品葡萄酒的乐趣之一是“享受眼福”。这不比用嘴品葡萄酒感觉差。“盲品”是指在不知道葡萄酒任何信息的情况下品葡萄酒,即在对葡萄酒没有成见的情况下公平地品评葡萄酒。“半盲品”(semi blind tasting)是指只了解了一部分的葡萄酒信息后品葡萄酒。例如,只了解葡萄品种或生产地域、价格等一部分信息后品评葡萄酒。

Q53 怎样做盲品前的准备工作?

盲品葡萄酒最重要的是不向品酒人提供任何葡萄酒的信息。提供信息会使品酒人不能客观地判断，品酒师有时也会用已掌握的信息来品评葡萄酒。因此，品酒时需把葡萄酒瓶包住以防看到酒标信息。

Q54 垂直品酒和水平品酒是指什么?

垂直品酒叫做“vertical tasting”，水平品酒叫做“horizontal tasting”。

垂直品酒是指选择品同一酒庄或同一品牌的葡萄酒，但葡萄酒的年份不同，即品不同年份的同一款葡萄酒。例如“2006 年波尔多名庄品酒会”，选择试饮同一酒庄的不同年份的葡萄酒。相反，水平品酒是指选择品同一年份的葡萄酒，但不同品牌或不同酒庄。垂直品酒方式可以更加清楚地了解随葡萄酒熟成而变化的味道，水平品酒方式能直观地了解特定葡萄酒的年份特征。

Q55 品葡萄酒需要准备什么?

只要有葡萄酒和葡萄酒杯，在哪里都能品葡萄酒。但为了更集中精神品葡萄酒需要以下几个条件：

第一，干净的酒杯。酒杯不干净会影响葡萄酒的颜色和味道。第二，品酒环境。为了准确地看到葡萄酒的颜色，需要接近于自然光的光线；并且为了准确地判断葡萄酒的香气，空气里不能有异味。

当然，最好不要用香水和化妆品。第三，最重要的是品酒人的状态。如果因为感冒等原因导致身体不适，那就无法准确地判断葡萄酒的味道和香气。第四，饭前品尝比饭后品尝时舌感更敏锐且更能集中精神品酒。不吃早饭的午饭前是一天当中品酒最好的时间。

Q56 品酒师在品酒前最好不刷牙是真的吗？

品葡萄酒对于品酒师和葡萄酒专家是一项很重要的任务。刷牙后牙膏的味道会影响品葡萄酒的味觉，还会觉得葡萄酒味苦涩，这和刷牙后吃水果会觉得不好吃是一个道理。在品酒之前最好先用矿泉水（table water）漱口。

Q57 “table water”指的是什么样的水？

西餐厅里广义的“table water”不只是“水”，还包括“面包”（bread）。水一般用于饭前漱口，因为漱完口能更准确地品尝到葡萄酒的味道。因此“table water”不应有任何味道和香气。最适合搭配的是没有咸味和甜味的面包（法国长面包、硬质面包、吐司面包）。如果都没有也可以用薄脆饼干搭配。

2. 葡萄酒的颜色

Q58 怎样观察葡萄酒的颜色?

要准确地观察葡萄酒颜色，最好在桌上铺白色餐布。餐布颜色过深会与葡萄酒撞色。如果餐桌上已铺上彩色餐布，那么也可以用白色餐巾纸或普通的白纸等物品放在葡萄酒杯下观察颜色。观察时把酒杯倾斜 45 度左右，让葡萄酒面积扩大，以便能更仔细地观察。

Q59 白葡萄酒和红葡萄酒的观察方法一样吗?

白葡萄酒与红葡萄酒的观察方法一样。一般白葡萄酒会在冰镇的情况下提供，所以倒入酒杯后会蒙上一层水汽，可以用餐巾纸擦掉酒杯的水汽后观察。

Q60 葡萄品种不同会影响葡萄酒颜色吗?

当然会。白葡萄酒中的长相思酒一般是绿色的，而赛美容酒是金色的。这跟收获葡萄时葡萄皮的颜色与味道有关。通常绿色葡萄酒的特点是新鲜，金色葡萄酒的特点是甜味十足。

红葡萄酒随葡萄品种的不同也展现出不同的颜色。这与葡萄皮的厚度相关。皮薄的黑比诺或佳美等酒种呈现浅红色，皮厚的赤霞珠或马尔培酒呈现深红色。颜色也会影响味道。深红色的葡萄酒含有强单宁酸，大部分都是长期储存型葡萄酒。

Q61 葡萄酒的颜色与味道相关吗?

我们观察事物时会从外观开始观察，就像我们看别人外貌时就能大概知道其年龄、性格，通过观察葡萄酒的颜色也能知道其品种、生产地区、熟成度等信息。如同“秀外慧中”，颜色好看的酒一般口感会更好。

Q62 随着熟成度不同，酒的颜色也会有差异吗?

通常熟成时间长的白葡萄酒的颜色会渐渐变深，红葡萄酒的颜色会渐渐变浅。白葡萄酒在熟成初期（即“年轻”时，葡萄酒业界也叫做“young”）呈绿色，熟成过程中渐渐呈黄色，熟成过久会变成褐色。红葡萄酒在熟成初期呈紫色，熟成过程中会渐渐按深红色、赤褐色、褐色的顺序变化。熟成时间久的葡萄酒倒入酒杯时可以用肉眼观察到酒杯边沿到中间的酒色变化。酒杯中间和边沿的颜色不同，边沿部分酒的颜色渐渐从厚变浅的是熟成时间久的葡萄酒。

要品香气还是确认味道？

去国外参观酒庄或者参加活动时，常有与外国人一起品葡萄酒的机会，笔者发现外国人的品酒方式与韩国人不同。

在品葡萄酒时需要视觉、嗅觉、味觉这三种感觉。韩国人多用味觉（味道），外国人多用嗅觉（香气），这可以从品评葡萄酒时用哪种表达方式来判断。韩国人用味觉式表达（甜、苦、辣等味道）多于嗅觉式表达（黑莓、湿木、堇菜、松露等香气）。用味觉的表达方式是为了能更准确地判断味道，也是因为嗅觉式表达所阐述的那些是韩国人不常接触的东西，所以可能更难理解。

这与韩国文化固有的性质相关。外国人会在餐桌上先感动（赞扬）两次后再吃饭。先赞扬其颜色，品其香气后再品尝。

但韩国的文化里不允许出现这类举动。如果在餐桌上用鼻子先闻菜肴的味道会怎么样？负责招待的人肯定会不高兴，会误以为客人是对菜肴本身起疑心。因为这种文化特征，使韩国人对香气的敏感度降低。

外国文化是品香气，而韩国的文化是确认味道。无视香气不能真正地品出葡萄酒的味道，仿佛只知其一不知其二，所以请大家拿起酒杯尽情地享受香气吧！

随熟成度变化的葡萄酒颜色

3. 葡萄酒的香气

Q63 为什么葡萄酒的香气很难辨别?

韩国人在品葡萄酒时觉得最难的是品酒香。像香草味、草莓味、胡椒味等熟悉的香气比较容易品出来，但像黑莓味、蓝莓味、黑醋栗味等香气就不容易品出来。还有这些香气复合在一起时更难区分开来。分辨香气没有什么捷径，只能经常品尝葡萄酒。

Q64 应该怎样闻酒香?

闻酒香最重要的是在葡萄酒酒杯里倒适量的葡

萄酒。一般倒 1/4 ～ 1/3 的酒，剩余没有倒酒的部分（3/4 ～ 2/3）就会被香气充满。如果酒杯里倒满葡萄酒，其香气就会变得很少。为了能享受更丰富的香气，最好在品酒前旋转酒杯。旋转酒杯是指将倒入葡萄酒的酒杯轻轻地摇一摇，使其产生旋涡。旋转酒杯后可以将鼻子凑近酒杯闻香气。

Q65 为什么要旋转酒杯？

两个原因。第一，为了享受复杂细腻的葡萄酒香气。第二，能增加葡萄酒与空气的接触从而加快醒酒。醒酒是指葡萄酒的呼吸，即葡萄酒接触空气后香气变得更丰富，味道变得更细腻。

Q66 有几种旋转酒杯的方法？

两种。第一，坐在餐桌前把酒杯放在餐桌上旋转，即把右手的食指和中指放在杯座上，手掌底部固定在桌上，只用放在杯座上的食指和中指向一个方向轻轻地摇即可。这样既能避开周围的视线，也能防止葡萄酒洒漏。

第二，拿起杯子旋转的方法。用右手拿杯柄部分轻轻地摇即可。拿杯柄旋转时有可能会不小心使葡萄酒洒漏，一定要注意。

Q67 吃饭时旋转酒杯是一种失礼的行为吗？

旋转酒杯是为了能更好地享受葡萄酒香气，并不会失礼。但如果动作太大因此洒漏葡萄酒，那么周围的人可能会皱起眉头看你。

Q68 应该闻几次葡萄酒的香气？

两次。首先把葡萄酒倒入酒杯后不要旋转杯子而是直接闻酒香，这样能享受到最丰富的葡萄酒香气。然后再旋转杯子闻一闻，能享受到更强、更复杂的葡萄酒香气。

Q69 葡萄酒有几种香气？

没有人能确定有几种香气，或许有数千种吧。因为即便是同样的香气，每个人闻之后感觉都不一样。一般而言，葡萄酒香气分芳香（aroma）和醇香（bouquet）两种。芳香顾名思义指的是“香气”，法语中的 bouquet 指的是“扎”、“束”。不管怎么说这些都不重要，最重要的是找到并享受自己喜欢的香气。

Q70 芳香与醇香有什么不同？

芳香指的是从葡萄里散发出来的香气。青葡萄、紫葡萄或者是霞多丽、长相思等品种的味道都不一样。一般而言，青葡萄有着酸酸的果香，紫葡萄有着红色浆果类的香气。

醇香是葡萄酒熟成后散发的香气，与葡萄本身的香气不同。如霞多丽是香草味，赤霞珠是湿木香，黑比诺是松露香。这些香气一般常见于熟成完全的葡萄酒，如果用橡木桶熟成时其香气受到的影响会更大。葡萄酒初学者们可能对醇香的葡萄酒会不适应，但从熟成的葡萄酒里能闻出既自然又香浓的醇香，就像感受发酵好的臭豆腐或缸鱼散发的味道一样。

Q71 深闻葡萄酒香气时嗅觉可能会失灵，这时候该怎么办?

不管什么样的香气，如果集中精神长时间深闻都会导致嗅觉疲劳。这时应该呼吸新鲜空气或者换闻其他香气。本人最喜欢的方法是闻法国长面包或烤面包等味道。此外还可以闻袖子或者手掌的味道。

Q72 如何闻香气?

最好在现实生活中闻一闻各种各样的香气。拿起水果直接用鼻子闻，闻到的水果香很淡。例如，直接用鼻子闻草莓可能闻不到任何草莓香气，但把草莓放入酒杯后闻，草莓香气可能会更浓。这个方法适用于包括水果在内的任何食物。把胡椒、薄荷等放入酒杯后闻一闻吧。希望读者们能像享受葡萄酒一样尽情享受周围所有的香气。

4. 葡萄酒的味道

73 如何品葡萄酒的味道？

葡萄酒要先用眼和鼻子享受其色、香后再用嘴品味道。品尝方法与其他饮料没有太大的区别，选择自己喜欢的方法即可。但如果想更深入地品尝葡萄酒的味道，可以尝试先含半口葡萄酒，之后嘴张开成小“O”状，然后用嘴吸气，让酒在口中翻转，用舌头反复玩味，慢慢地品其味道。

74 酒在口中需要含多长时间？

越久越好。因为葡萄酒的味道会随着口温、空气等原因发生变化。如果像喝白酒一样一口闷就不能充分地享受到葡萄酒复杂细腻的味道。至少需要含 5 秒。

75 为什么吸气后要翻转舌头？

嘴张开成“O”状或喝酒时嘴里发出声音，其实这样并不雅观。但为了品出味道就需要这些过程。原因有两点：第一，让葡萄酒与空气接触会使香气更浓，味道更细腻；第二，葡萄酒在嘴里旋转能充分使舌头各部位都感觉到葡萄酒的味道。舌头的不同部位能感觉到苦味、甜味、酸味、咸味等味道。

喝烧酒感觉很甜吗？今天状态好吗？

如果问“烧酒的味道怎么样”，大部分的人会回答“很苦”，但有时却能感觉到烧酒的味道很甜。为什么同样的烧酒有时喝起来甜，有时却喝起来苦？

虽然这几年发生了一定的变化，但西方人还是不喜欢韩国烧酒。不是因为高酒精度，而是他们觉得烧酒很甜。西方人喜欢的威士忌酒精含量在40％以上，而韩国烧酒只有20％左右。甜味在味道里属于最强烈的味道，对体会更细致的味道会有影响，所以甜味浓的饮料与饮食不是很搭。但为什么韩国人喝了好多年的烧酒也感觉不到甜味呢？其实是因为喝酒的方法。韩国人喝烧酒时通常会倒在小烧酒杯里一口喝掉。这样烧酒会与舌头最里面的部位接触。血气方刚的年轻人有时就直接倒进喉咙里，而舌头最里面的部位是感觉苦味的部位，因此即便烧酒有甜味也感觉不到。如果葡萄酒也像烧酒一样的喝法会感觉很苦的。相反，如果用喝葡萄酒的方法旋转舌头喝烧酒，那么会感受到从来没有感觉到的味道，所以享受美酒需要时间。事实上享受葡萄酒就是享受时间。给努力工作的自己抽一点时间，享受一杯葡萄酒吧。

因此，旋转舌头是为了要给舌头充分享受味道的时间。如果直接一口喝掉葡萄酒，感觉到的味道会很单一。

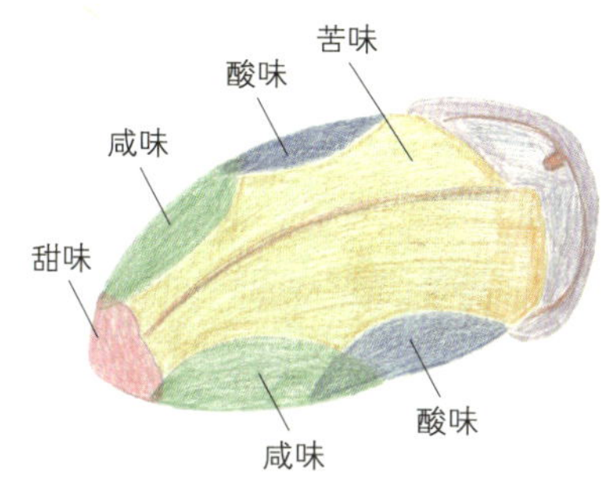

味觉部位图

Q76 喝葡萄酒能感觉到什么样的味道?

葡萄酒的味道其实种类很多，但一般会用几种味道来分类。白葡萄酒以酸味、甜味、酒精味三种味道构成。酸味强葡萄酒感觉就新鲜，甜味强葡萄酒感觉就一般。红葡萄酒含有白葡萄酒没有的单宁酸的涩味，所以红葡萄酒的味道结构比白葡萄酒复杂。

所以一般先喝白葡萄酒，再喝红葡萄酒。

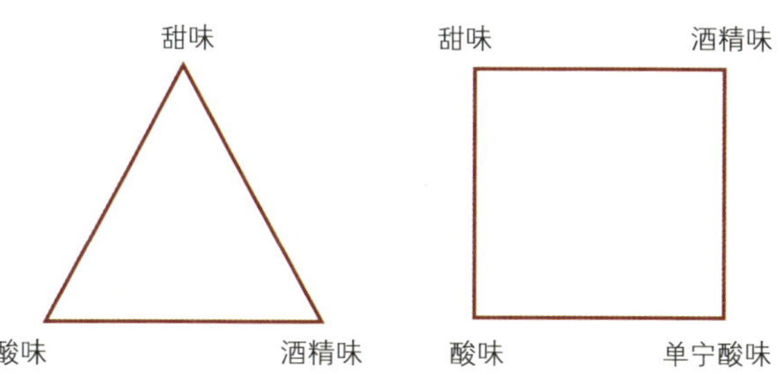

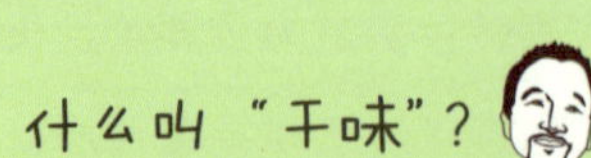

什么叫“干味”？

接触葡萄酒后发现最常见的表达葡萄酒味道的词就是“干味”。既不是甜味也不是咸味的“干味”很难懂，能真正理解词义的人也很少。

“干味”到底是什么样的味道？国外葡萄酒书籍里的“dry”一般被翻译成“干”、“苦涩”等。英语单词“dry”本身就含干燥之意，所以也不能叫错译。那真正的“干味”是什么样的味道？

为了了解韩国人对“干味”的认识，我以学生们为研究对象做了一次试验。

首先，我把水、金巴利酒（苦味、甜味）、白兰地（甜味、酒精味）、苹果利口酒（酸味、甜味）、盐水（咸味）、在桶里熟成的威士忌（辣味）、浓味红茶（涩味）等各自倒在葡萄酒酒杯里，然后让学生们品尝，选出他们认为最有“干味”的一杯。

您会选择哪一个呢？学生们选择的最甜的酒是金巴利和苹果利口酒，但选择的最“干味”酒却都不一样。当然，每个人对味道的感觉不同，所以不能说哪个对哪个错。因此我又出了另一个问题：“干味与甜味相反，重新选择最有干味的一个吧。”

这次选择的还是各不相同。但选择有苦味的金巴利的人较多。所以我又提出了问题：“如果在西餐厅里客人要求推荐干味葡萄酒，那么应该选择哪种味道（苦味、酒精味、酸味、咸味、辣味还有单宁酸味）更浓的酒呢？

事实上，与甜味相反的味道不是苦味，更不是酸味、咸味和单宁酸味。与甜味相反的味道是“不甜的味道”，那么水是最好的答案了。如果客人说“我喜欢干味的葡萄酒”可以理解成“我喜欢不带甜味的葡萄酒”。

“干味”很难懂不是因为人的味觉有问题，而是在味道的概念里“干味”没有正确的答案。

从现在开始，堂堂正正地说要一杯干味葡萄酒吧！

77 什么叫“干味”？

味道分甜味、酸味、咸味、辣味、苦味五种。这里的干味（dry）指的是与甜味相反的味道。那与甜味相反的味道到底是什么样的味道？是酸味、咸味还是苦味？答案就是不甜的味道。所以“我喜欢干味”是指“我喜欢不甜的味道”。

78 葡萄酒“酒体”指的是什么？

酒体（body）指的是葡萄酒的质感或者是葡萄酒在舌头上的重感，即浓稠度。例如，水、牛奶、豆奶这三样东西中豆奶的 body 最浓，水的 body 最稀。口感越厚就说明 body 越浓，这种叫酒体丰满（full body），相反的叫酒体轻盈（light body）。葡萄酒酒体与回味相关。一般酒体丰满的葡萄酒能长时间回味，且大部分都是高级葡萄酒。

79 什么样的葡萄酒才是好葡萄酒？

合自己口味的葡萄酒才是最好的葡萄酒。但不能以自己的口味去判断他人的口味。我们一般评价好吃的菜肴时会说“口感好”或“材料好”，每个人都能感受到，用葡萄酒术语叫“well balanced”，即“味道均衡”。这除了是用舌头感受到的味道以外，还是视觉、嗅觉、味觉相结合感受到的。如果葡萄酒给人的视觉感受很新鲜，那么味道和香气也应如此。

酒体？身材？

早前我刚对葡萄酒感兴趣时，有一次与在校的同乡后辈们一起聚会。因为很久没见面，我们玩得很开心。先去喝了米酒，之后又去其他地方喝了葡萄酒。后辈们虽然不太懂葡萄酒但气氛还是很好的。但过了一会儿，一名醉酒的女后辈突然坐在我前面很不爽地说："前辈，为什么喝这么贵的葡萄酒还谈身材这种低俗的话题？"

让后辈不高兴的原因原来是"body"这个词。后辈在醉酒的情况下没有理解我们讲的"body"的含义，以为是讲关于性的"body"。真是一个可爱的误会。

在描述葡萄酒时"body"和"dry"是经常使用的单词。例如使用"请给我 full body（酒体丰满）的葡萄酒"，这经常被用于点葡萄酒时。

葡萄酒的酒体很重要。酒体与葡萄酒的回味相关。回味是指品完葡萄酒后残留的余味，是决定葡萄酒质量的重要因素。一般，好葡萄酒的回味时间会很长。

举一个关于骨头汤的例子吧。就像熬了时间久的骨头汤和熬了时间短的骨头汤，其味道会大不相同，熬久了的骨头汤相当于"丰满的酒体"，熬的时间短的骨头汤相当于"轻盈的酒体"。浓味的骨头汤在喝完后嘴里还会有很香的余味。相反，淡味的骨头汤喝完后味道会很快消失。葡萄酒也一样，酒体丰满的葡萄酒回味时间更长，就像好人会长时间被人们记住一样。

比如看起来很年轻、一对话就会显成熟的人，会显得内外不搭（unbalanced）。表里合一才是最好的。

Part 2 葡萄酒，会享受才会好喝

虽然知道酒对人体有害，但为什么还是会有很多人喝葡萄酒呢？是因为喝少量的葡萄酒会对身体有益这种说法吗？好像不一定是因为这个。

我想是因为喝完葡萄酒后心情会发生变化。人是一种能感受到喜怒哀乐等各种情绪的动物。这种情绪反应大部分来源于自身的感觉。依靠视觉、嗅觉、味觉、触觉、听觉等感觉器官产生复杂的情绪。

动物们也会在吃东西时充分利用感觉器官。例如牛可以清楚地分辨出能吃的草和不能吃的草。从表面上看只是随便吃草，但事实上绝对不会随便吃任何东西。它们会先用眼确认后再用鼻子闻一闻，之后才会去吃。当然，在嚼的过程中如果发现异常也会立即吐出来，这是本能。如果不能本能地利用感觉器官去选择食物，动物就无法生存。

人也是如此。如果给小孩子吃苦味食物，他们会哭着吐出来。原因是本能地认为苦味里含有威胁生命的物质。

但忙碌的现代人一般没有时间去慢慢品尝食物的味道，吃饭只是为了填饱肚子而已。有时连食物的颜色、味道都不关注，就急急忙忙地吃掉，到了连牛和小孩也不如的地步。

这是一件多么让人伤心的事啊。

很早之前，一位独居的日籍奶奶说过这么一段话：

“虽然我的生活很节俭，不买贵重物品，基本上也不出去吃，但每月一次的生活享受绝不会吝啬。再也没有比一边听优美的演奏一边品葡萄酒让我更幸福的事了。”

我听完后点了点头。

有的人偶尔去好餐厅吃饭也会被感动。上菜后会用眼、鼻、嘴分别感受并感叹其外观、香气和味道。这不仅来源于余裕，而且也是动物的本能反应。但忙碌的现代人好像忘了这种本能，看到汉堡后基本上不会有人关注汉堡的模样和味道，当然也不会有人因为压扁的汉堡而抱怨。

失去感觉，这是不是不被他人尊重的自身原因呢？

不是为了买醉才去喝葡萄酒。喝葡萄酒之前先看颜色，再闻香气，五官受到刺激后，在感觉器官的作用下，我们可以尽情地享受葡萄酒。这样才能脱离无感觉的机械生活，找到对感觉忠实、真实的自己。

我们在如此多品种的酒里唯独选择喝葡萄酒，就是因为这个原因吧！

一、准备葡萄酒派对

1. 调整葡萄酒的温度

Q80 喝葡萄酒的最佳温度是多少？

白葡萄酒最好冰镇后喝，红葡萄酒在室温下喝较好。一般白葡萄酒在 8 ~ 11℃，红葡萄酒在 15 ~ 18℃，起泡酒在 6 ~ 9℃喝较好。酸味较好的葡萄酒（白葡萄酒）在冰镇后酸味更浓，能感觉到新鲜感。单宁和酒体越好的葡萄酒（红葡萄酒）越需要在提高温度后喝。但不要拘束于这些理念，在各式各样的温度下试饮，然后选择最适合自己口味的温度吧！

Q81 室温是多少度?

室温用英语叫“room temperature”，即指室内温度。

如今因为有暖气设施，室内温度一般维持在20℃左右。以前的室内温度是指地下酒窖的温度，一般在 15 ～ 18℃，与现在的室内温度有差别。因此室温不是指常温，指的是 15 ～ 18℃，是品红葡萄酒的最佳温度。在这个温度下拿葡萄酒瓶会觉得很凉爽。

Q82 葡萄酒的味道与温度的关系?

与温度变化相对应的葡萄酒味道的变化简单概括如下：

	香气	甜味	酸味	单宁酸味
高温	↑	↑	↓	↓
低温	↓	↓	↑	↑

葡萄酒的温度变高，香气和甜味也会更明显，所以浓香型的白葡萄酒或起泡酒应该要比一般的白葡萄酒在更高的温度下品尝。通常酸味在冰镇后口感会更凉爽，而红葡萄酒含有的单宁酸味在冰镇后口感会更苦涩。因此，酸味浓的白葡萄酒和富含单宁的红葡萄酒的饮用温度会不同。

Q83 怎样调节葡萄酒的温度?

白葡萄酒和起泡酒可以用冰桶调节温度。先在桶里放八成冰块和七成水，再将白葡萄酒浸 20 分钟左右，香槟浸 30 分钟左右就是最佳饮用温度。要想更快降温，可以在冰桶里放盐或者抓起冰桶里的葡萄酒瓶口左右旋转，会节约一半的冰镇时间，但这有可能会损坏葡萄酒酒标。

冰桶

Q84 如果没有冰块该怎么办?

可放在冰箱中冰镇后饮用。急需冰镇的葡萄酒，可以利用冷冻室。虽然会因冷冻室的性能有差异，但放入冷冻室后，起泡酒过 1 小时左右，白葡萄酒过 40 分钟左右就会冰镇至最佳饮用温度。但如果不小心，葡萄酒有可能会被冰冻，所以应注意。如果红葡萄酒的温度稍高，也可放入冷冻室 10 分钟左右后饮用。

Q85 为了喝冰镇的香槟和白葡萄酒是否可以冰镇酒杯？

就像可以按嗜好冰镇啤酒杯一样，葡萄酒杯也可以冰镇。但是如果杯子太凉导致结霜就可能无法看清葡萄酒颜色，而且葡萄酒杯很薄，无法长时间维持冰镇状态，效果也一般。

Q86 派对前该准备多少葡萄酒？

需要准备的葡萄酒数量会与参加者的酒量相关，但通常在一起用餐时可以按每人 2 ~ 3 杯准备会更适当。一瓶葡萄酒（以 750 毫升为标准）可以倒 5 ~ 6 杯（150 毫升 ×5 杯），相当于准备每人半瓶左右的葡萄酒。例如，提供一种白葡萄酒和一种红葡萄酒时可以按每人 1 杯白葡萄酒和 1 ~ 2 杯红葡萄酒、半杯甜点酒做准备。当然，准备得更充裕会更好。

Q87 一瓶葡萄酒能倒多少杯？

这与杯子大小相关，但一般一瓶白葡萄酒和红葡萄酒能倒 5 杯左右，起泡酒能倒 6 杯左右。白葡萄酒和红葡萄酒每杯大概有 150 毫升，起泡酒每杯大概有 125 毫升。因为起泡酒的杯子很小，所以可以用很少的量倒满整杯。倒酒时白葡萄酒和红葡萄酒倒 1/3 杯，起泡酒倒 2/3 杯。

2. 葡萄酒的开瓶方法

Q88 葡萄酒开瓶器有哪几种？

第一次接触葡萄酒的人会在开瓶时遇到困难。如果没有开瓶器，用其他工具挣扎着拔出软木塞，一般到最后通常会用筷子把软木塞塞进酒里，最后与软木塞屑一起喝。开葡萄酒瓶时要有开瓶器或螺旋拔塞器等工具，下面选择介绍三种：

酒刀（waiter's friend）

西餐厅服务员们主要用这类开瓶器。需要受过专业教育和训练才能完美地打开葡萄酒酒瓶，可以说是专家专用的开瓶器。不仅体积小，而且也方便携带。

蝶形开瓶器（wing screw）

便于非专业人员使用。利用了杠杆原理，既不费力又容易打开。一般在家里使用。

杠杆式开瓶器（screw pull）

能迅速打开瓶子，需要固定在某处后使用。多用于需要大量葡萄酒开瓶的活动会场。

当我还是一名年轻侍酒师时，就梦想拥有一个很棒的开瓶器。

这不仅是我的梦想，也是每个服务员的梦想。

陪伴多年的开瓶器不只是一种单纯的工具，而是像结婚戒指一样不可缺少的存在。

它要时刻陪伴在我身边，越旧越觉得漂亮。

有一次，不小心弄丢了用了 10 年之久的开瓶器，

弄丢后好几天没有胃口。

“拉吉奥乐城堡酒刀”是一个很棒的开瓶器。

有“拉吉奥乐城堡酒刀”在身边陪伴，我的心情就会很舒畅。

就像好朋友在身旁一样。

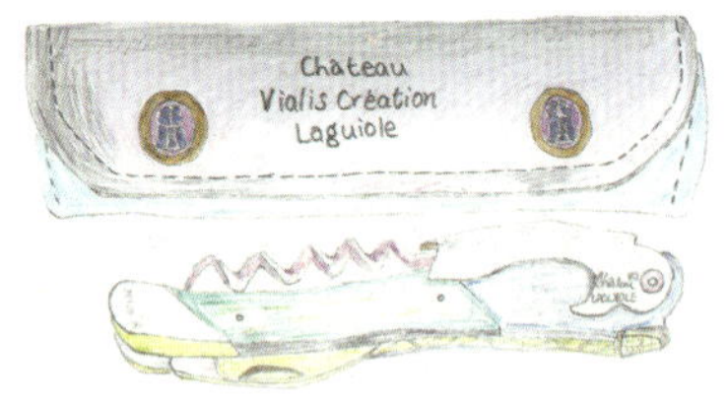

Q89 酒刀该怎样使用?

有着“waiter's friend”之称的酒刀其结构分为手把、螺丝钻、小刀和杠杆四个部分。开葡萄酒瓶时要先用小刀切开封瓶口的胶帽，之后把开瓶器的螺丝钻尖端插入软木塞的中心，然后直立螺丝钻，顺时针方向缓缓旋转钻入软木塞中。如果插得太深会把软木塞弄碎，太浅会拔不出软木塞。这时将第一个活动关节扣住瓶口，用左手紧紧握住；再用右手将手把直直地提起来；软木塞出来一半时，再将第二关节扣住瓶口，重复之前的动作；软木塞出来80%～90%时就停住，用手握住木塞，轻轻晃动或转动，绅士地拨出木塞。如果拔软木塞过于着急，葡萄酒有可能会溅出来，所以要注意。

Q90 老葡萄酒的木塞开瓶时很容易被弄碎，是否有其他好方法?

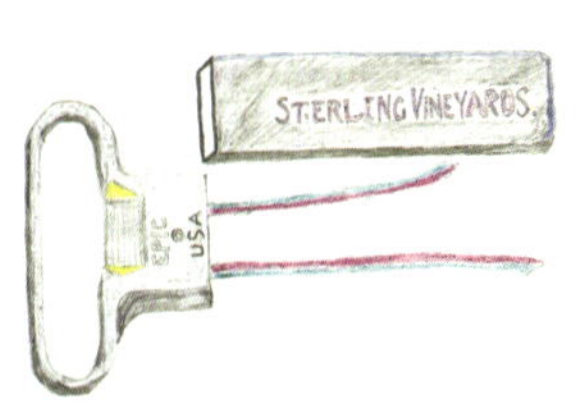

老葡萄酒的木塞因为与葡萄酒长期接触会很潮湿。这种木塞因为很软，所以很难用一般的开瓶器拔出。这时该用 Ah-so 开瓶器。这种开瓶器不会从木塞中间穿过，而是从木塞两端拔出，避免弄碎木塞。

Q91 软木塞的长度是多少?

一般软木塞的长度约为 4 厘米。

开瓶器的螺丝钻长度是5～6厘米，比软木塞长。如果螺丝钻插得太深会弄碎软木塞，软木屑会掉进酒里。为了防止软木屑掉进酒里，第一次插螺丝钻时插3～4厘米后即可试着拔出软木塞，如果拔不出来那就多插进一点后再拔，这样才能安全地打开葡萄酒。

用葡萄酒享受时间

要想喝葡萄酒，首先就得拔掉软木塞。这个过程一般叫“开瓶”，打开其他饮料时一般叫“开盖儿”。葡萄酒“开瓶”的意义不仅在于打开瓶盖，还有为了享受葡萄酒味道敞开心扉的含义。

开瓶其实是件很麻烦的事情，但这个过程也是葡萄酒的魅力之一。除了葡萄酒，其他饮料不需要这么费心地开盖。用特别的工具打开葡萄酒的过程会让旁边的人感觉到自己“很特别、很受关心”。还可以一边开瓶一边谈很多关于葡萄酒的故事。如果把容易开瓶的饮料比喻成快餐，那么葡萄酒就是慢食。

开葡萄酒时不要着急，要慢慢打开。开瓶过程中可以分享葡萄酒的信息和感觉（酒标设计、对味道的期待、准备的食物等）。还有什么比用葡萄酒享受时间、互相交流更好的呢！

Q92 不小心把软木屑弄进葡萄酒里该怎么办？

木塞被弄碎，软木屑掉进葡萄酒里，碰到这样的情况服务人员或消费者都会很不愉快。但掉进的软木屑不会对葡萄酒产生致命的影响，可以换瓶(decanting)后饮用(参照第 84 页)。如果异物过多，可以用干净的布或者咖啡过滤器过滤后饮用。

Q93 有没有一种帅气地打开葡萄酒螺旋盖的方法？

利用开瓶器打开葡萄酒是一种享受葡萄酒的方法，而开葡萄酒螺旋盖时会觉得和开啤酒盖或烧酒盖一样很没劲。下面教大家一种很有趣的螺旋盖葡萄酒的开瓶方法：①左手抓紧螺旋盖下方，右手抓紧葡萄酒瓶底；②双手向相反方向快速旋转让螺旋盖与葡萄酒瓶分离；③④⑤右手还是抓住瓶底，螺旋盖部分放在左臂上，向左手方向旋转瓶子，打开瓶盖。这套动作做起来会很帅气。

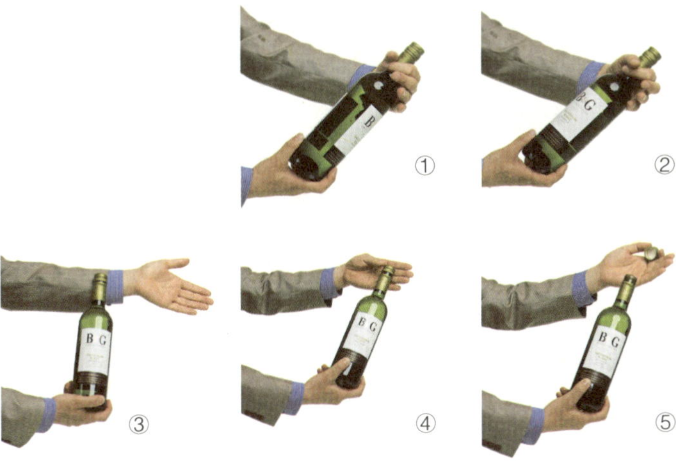

94 起泡酒开瓶时是否要"砰"地一声打开？

香槟等起泡酒里也含有碳酸气体，所以开瓶喷出气体时会发出爆破音。葡萄酒的温度越高，摇得越厉害，声音就越大。这声音听起来像礼炮声，但会影响葡萄酒的味道。特别是香槟的味道，气泡越多才更新鲜可口，过多的碳酸气体喷出来会降低葡萄酒原有的味道。如果想喝新鲜的酒，那最好小心翼翼、不出声音地开瓶。因此，开瓶甚至移动时都该小心行事。

95 该怎样开起泡酒？

先用毛巾擦掉冰镇后起泡酒瓶子外的水汽，然后用右手抓住酒瓶底倾斜 45 度。如果把酒瓶放平或直立，软木塞蹦出来时有可能会打到周围人或灯泡。

①②右手拿起瓶底，用左手撕开锡箔纸后慢慢地解开铁丝；③④解开铁丝后不要打开，先用左手拇指和食指轻轻地按住软木塞头和铁丝；⑤用右手轻轻地左右摇晃酒瓶，这时软木塞会因为起泡酒的碳酸压力慢慢地弹出来，千万不要惊慌，放松肩部，用左手拇指和食指力量抓住软木塞；⑥在软木塞上升约 80%时用力拉开软木塞，这时没有喷出酒也照样能打开起泡酒。

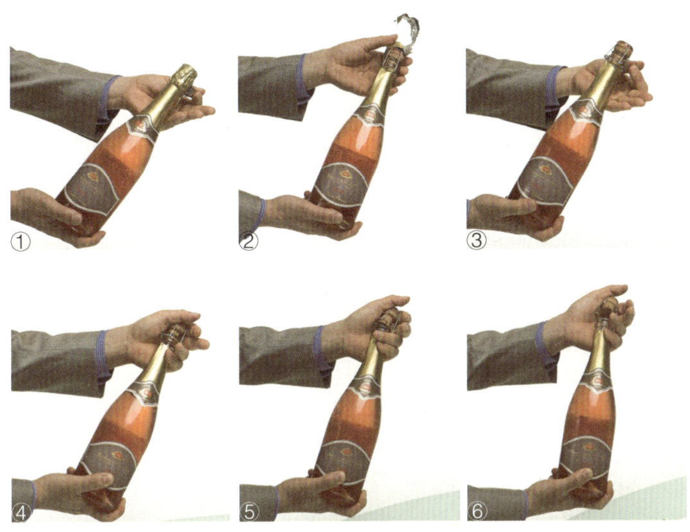

Q96 起泡酒的气压是多少？

一般香槟的气压在5个大气压以上，起泡酒的气压在3～5个大气压之间，而汽车轮胎的气压是在3～4个大气压之间，所以可以说起泡酒瓶受到的气压相当高。因为这种高压，如果开含有碳酸气体的瓶子时不小心，那就可能会出事故，所以打开香槟等起泡酒时要格外小心。

3. 葡萄酒服务

Q97 为他人提供葡萄酒服务时要双手拿瓶吗?

在西餐厅，斟酒服务员会用一只手帅气地倒葡萄酒。但一般人倒酒时更需要安全的服务。不懂葡萄酒服务的人最好用两手拿瓶倒酒，并且当被服务的人是长辈时用两手拿瓶倒酒更符合礼节。但是在西方喝葡萄酒已趋于日常化，不用两手拿瓶倒酒也不会失礼。

Q98 怎样专业地倒葡萄酒?

在西餐厅或酒吧观察侍酒师倒酒，他们一般会用右手在距离杯子 2 ～ 3 厘米处拿瓶慢慢地倒在杯里。在杯子里倒适量（1/2 ～ 1/4）的酒后，慢慢地举起瓶子向右稍微旋转后结束，这样可以防止酒滴漏出，然后用已准备好的毛巾等擦瓶口就行。

Q99 1.5 升大酒瓶可以用两只手拿瓶倒酒吗?

用一只手倒酒虽然是葡萄酒服务的惯例，但 1.5 升大酒瓶因为太重（约 3 千克），最好用两只手拿瓶倒酒。可能也有一些人很想帅气地倒酒，但请慎重。安全还是首要的。

100 客人在侍酒师倒葡萄酒时该怎么做？

客人在侍酒师倒葡萄酒时原则上最好原地不动。以韩国的传统礼节要拿杯站起来，但倒葡萄酒时可以不用站起来，以避免较薄的葡萄酒酒杯与葡萄酒瓶发生碰撞。如果觉得不礼貌，不要拿起杯子，右手轻轻放在杯底表示有礼即可。如果觉得一只手不够，可以用两只手，两只手不够可以恭敬地低头。

101 倒酒器（pourer）指的是什么？

倒葡萄酒时最难的部分就是不把葡萄酒洒漏在桌上，因此葡萄酒倒完后需要旋转瓶子。倒酒器是能更方便地倒葡萄酒的工具，插在瓶口使用。使用倒酒器，最后可以不用旋转酒瓶。

4. 剩余葡萄酒的处理方法

102 该怎么处理开瓶时间长的剩余的葡萄酒?

最好不要把剩余的葡萄酒倒掉。虽然不如新鲜的葡萄酒好喝，但是开瓶时间再长也不要倒掉，其实这些酒都可以再利用。开瓶时间长的葡萄酒会被氧化变成食醋，“意大利香醋”（balsamic vinegar）就是用葡萄酒做的食醋。虽然味道与普通食醋不同，但可以用于饮食调味。

103 桑格利亚和热葡萄酒是什么?

桑格利亚（Sangria）和热葡萄酒（Gluhwein）是用葡萄酒做的鸡尾酒。桑格利亚源于西班牙，是用红葡萄酒和苹果、蜜桃、橙子等水果加上甜味剂制成的饮料，夏天冰镇饮用会更好。Gluhwein 是德语，意思是“热葡萄酒”，是用红葡萄酒和桂皮、橙子、柠檬等再加上糖精或蜂蜜制成的饮料，冬天饮用会更佳。酿制这两种鸡尾酒时不需要用好的葡萄酒，可以用喝剩下的葡萄酒酿制。

104 怎样利用剩余的葡萄酒?

可以用于腌制食物，特别是用于腌制肉类食物。例如，腌制烤肉、排骨肉、牛排、五花肉等肉类食物很不错。还可以用于鸡肉类的菜肴，法国传统美食红酒焖鸡就是其代表性菜肴，这是用新鲜的葡萄酒炖制的菜肴，在法国是一道很受欢迎的传统美食。白葡萄酒可以代替清酒，用于需要放入清酒的菜肴。此外，红葡萄酒适合做肉类调汁，白葡萄酒适合做鱼类调汁。开瓶时间过久带有食醋味的葡萄酒可以代替食醋在做沙拉时放入。

105 葡萄酒可以用在其他领域吗?

法国等其他国家很早就开始把葡萄酒用在皮肤美容上。可以在浴缸里倒入葡萄酒后洗浴或把葡萄酒倒入水中后洗脸。这样不仅皮肤会变得更细腻，而且还有治疗过敏性皮肤病的功效。当然，可能也有对此方法过敏的人，因此要看情况使用。

5. 葡萄酒与美食的搭配

106 葡萄酒搭配美食的原则是什么?

葡萄酒与美食的搭配用法语叫“marriage”，是“结婚”的意思。“marriage”的原则是“没有原则”。最好的搭配也会有不合口味的人。新鲜的鱼类美食和白葡萄酒虽然很搭，但对不喜欢鱼类美食的人来说没有意义。因此，搭配的原则其实很主观。如何选择葡萄酒和美食在于人的想法，所以需要先从人开始着手。

107 搭配时该考虑哪些细节?

最好用同类口味进行搭配。例如餐后甜点等甜味美食要配甜酒，没有甜味的美食要配干味酒。这不仅是为了搭配口感，还为了搭配颜色。厨师在做菜时不会在白色的鱼类菜肴上用红色的调汁，也不会在红色的肉类菜肴上用白色的调汁，因为它们的颜色不搭。一般白色美食（鱼、鸡肉等）配白葡萄酒，红色肉类美食（牛肉、羊肉等）配红葡萄酒。但比美食材料更重要的是调汁的味道。淡味的调汁配白葡萄酒，油腻的调汁配红葡萄酒。鱼类美食调汁清淡，肉类美食调汁浓且油腻。

108 为什么白葡萄酒与鱼类、红葡萄酒与红肉相搭呢?

颜色搭配虽然重要，但是在口味上白葡萄酒新鲜的酸味对消除鱼类的腥味有显著的效果，而红葡萄酒的单宁酸能让肉类的口感更细腻。如果吃牛排时喝白葡萄酒，会感觉牛排很粗硬；吃鱼时喝红葡萄酒，会感觉不到鱼类特有的新鲜感。优秀的“marriage”与葡萄酒的质感，即酒体有关。有质感的美食搭配酒体饱满的葡萄酒，质感较差的食物配清淡的葡萄酒会更好。

葡萄酒如何与美食搭配？

喝葡萄酒时最让人头痛的是怎么选择搭配的美食。一般情况下，红酒配牛排，白酒配鱼类，甜酒配餐后甜点。但不一定总是这么搭配。甜酒配牛排也有可能好吃，干味的红酒和餐后甜点也可能很配。

有着“葡萄酒配美食”之意的法语“marriage”原意为“结婚”，意味着葡萄酒搭配美食就像男女结婚那么重要，需要细心选择。但鉴定葡萄酒味道时不应与美食一起享用，因为美食会影响鉴定结果。所以专家们在品酒时不会吃其他食物。

但大多数人喝葡萄酒不是为了鉴定而是为了享受。单喝葡萄酒也是一种享受，但用美食搭配葡萄酒会更享受。就像一个人也能过日子，但是结婚会更幸福一样。虽然每个人都希望自己的婚姻幸福，但事实上并非所有的婚姻都是幸福的。

那么成功地搭配葡萄酒和美食需要什么条件？

这个问题没有正确的答案，这要因人而定。因为每个人喜欢的口味都不同，所以搭配也要因人而定。

搭配的核心不是美食或葡萄酒，而是人。就像成功的婚姻不在于婚姻手续或者婚礼过程，而是在于婚后生活带来的幸福一样。

例如，酒体饱满的干味葡萄酒与最高级的牛排是最顶级的搭配。但是如果吃的人讨厌牛排，那么对于他来说那是最差的搭配。同样，对于不喜欢这种葡萄酒的人也是如此。

所以在搭配葡萄酒和美食时不要忘了主人公是人。要想搭配好葡萄酒和美食，需要多了解同行的人。相互了解才能做出最好的搭配。

Q109 先喝葡萄酒，还是先吃东西？

这应该因个人爱好而定。如果在吃鱼时搭配了白葡萄酒，那么先吃鱼，然后再喝白葡萄酒，这样能持久保持爽口的感觉。如果是牛排搭配红葡萄酒，则先嚼一嚼牛排，在咽下去之前喝一口红葡萄酒，再一起嚼，这样能让牛排的口感更细腻，肉汁更饱满，葡萄酒的回味时间更长。当然，要咽下去后才能与别人聊天哦！

Q110 如果肉类和鱼类一起吃，那么该选哪种葡萄酒？

一桌人点不同菜时很难选择用同一种葡萄酒搭配。太浓的葡萄酒有可能会与美食不搭，这时最好选择比较清淡普通的葡萄酒。最好的方法是点一瓶白葡萄酒和一瓶红葡萄酒，让客人各自选择与自己的美食搭配的酒。

Q111 为什么说葡萄酒和美食的产地相同会更搭配呢？

Chianti Fiasco

Bordeaux Sauterne

就像 Q106 ~ Q110 所讲，首先要考虑的是同行人的感受，其次是美食与葡萄酒的产地特征。番茄意大利面搭配意大利产的基安蒂（Chianti），波尔多鹅肝菜肴搭配波尔多苏玳（Sauternes），德国的小牛肉香肠搭配德国葡萄酒会更好。相同产地的葡萄酒和美食相搭是经过几个世纪的时间来证明的。

112 葡萄酒与美食的香气该怎么搭配?

就像前面所述，葡萄酒的香气分为芳香和醇香。芳香强烈的葡萄酒与口味新鲜的美食相搭，醇香葡萄酒与重口味的美食相搭。例如，新鲜的奶酪配清淡芳香的葡萄酒，味道重的蓝纹奶酪配醇香葡萄酒。

113 为什么葡萄酒和奶酪很搭?

葡萄酒和奶酪很搭。一边喝酒一边吃奶酪能让葡萄酒的味道更细腻，回味时间更长。好的奶酪能让葡萄酒更好喝。就像要让红茶味道更细腻，就要放牛奶一样。牛奶可以淡化红茶含有的单宁味，让红茶味道更好喝。喝葡萄酒时搭配牛奶也会觉得口感更细腻，但是葡萄酒和牛奶都属于饮料，所以搭配奶酪会更好。

奶酪也和葡萄酒一样属于发酵食品，而且种类也像葡萄酒一样多，有 500 多种。各种各样的奶酪和葡萄酒的搭配，想一想也很兴奋。

1. 换瓶

114 什么是换瓶?

把装在瓶中或其他容器中的葡萄酒注入醒酒器(decanter)的过程叫做换瓶。醒酒器多用玻璃制作，用于饮用葡萄酒前。

115 为什么要换瓶?

葡萄酒在漫长的陈年岁月里会形成沉淀物。这种沉淀物是在发酵和酿制过程中自然产生的。漂浮的沉淀物会使葡萄酒浑浊，所以最好不要直接倒入酒杯。同样，拿葡萄酒和倒葡萄酒时不能摇晃酒瓶。总之，换瓶是为了将沉淀物从葡萄酒中分离出来。

116 换瓶是从什么时候开始的?

起初，普通的葡萄酒不用换瓶。葡萄酒中沉淀物最多的是波特酒（port）。长时间发酵的波特酒的沉淀物有时几乎超过整瓶葡萄酒的 1/4，所以喝波特酒时需要换瓶。14 世纪，英国与法国因百年战争而势如水火，从此英国人开始饮用葡萄牙产的波特酒，换瓶随之流行起来。

117 饮用有沉淀物的葡萄酒会对健康有害吗?

葡萄酒的沉淀物是在酿造过程中产生的，主要来自葡萄皮、葡萄籽。沉淀物含有丰富的多元酚类等有利于身体的物质，因此绝对不会对健康有害。但沉淀物使葡萄酒浑浊并产生些许苦涩，会影响葡萄酒的味道。

118 没有沉淀物的白葡萄酒和红葡萄酒也要换瓶吗?

没有沉淀物的白葡萄酒和红葡萄酒也要换瓶。这两种葡萄酒要换瓶的原因不是过滤沉淀物，而是为了醒酒。通过注入醒酒器，可使酒液大面积接触空气，从而加速单宁软化，充分释放封闭的香气，使葡萄酒味道更加细腻。整个过程即“醒酒”。

Q119 白葡萄酒里闪烁的晶体是什么?

这叫酒石，类似于又小、又硬、又亮的玻璃渣子，沉淀于葡萄酒瓶底。这种沉淀物是葡萄酒在低温环境下储存时，其成分中含有的酒石酸凝固而成的，味道有点酸，多数沉淀于白葡萄酒中，但不会影响葡萄酒的品质。虽说如此，白葡萄酒换瓶后味道会更加细腻。

Q120 什么是陈年葡萄酒?

陈年葡萄酒（old wine）即“长时间储存的葡萄酒”，也称陈年佳酿（old vintage），是指已充分熟成的葡萄酒。“old vine”是指“老葡萄树”的意思，与陈年葡萄酒有区别。陈年葡萄酒在熟成的过程中会产生沉淀物，所以要换瓶后饮用。

Q121 储存多少年的葡萄酒才能叫陈年葡萄酒?

这很难用确切的时间来衡量。例如40岁的人比20岁的人老，但比60岁的人年轻一样，这是既主观又相对的想法。陈年葡萄酒含有“充分”、“熟成”等含义。不用长时间熟成的薄若莱新酒（Beaujolais Nouveau），只要储存1年以上就是陈年葡萄酒；但像波尔多特级葡萄酒（Grand Cru），得储存15～20年才属于陈年葡萄酒。

Q122 需要换瓶的葡萄酒和需要醒酒的葡萄酒有什么区别?

一般来说，饮用陈年葡萄酒时需要换瓶。葡萄酒在熟成过程中会自然产生沉淀物，在酿造新酒（young wine）时也会故意以粗糙的过滤过程来增加沉淀物。但在拥有先进酿造技术的今天，已经很难在葡萄酒中发现沉淀物了。

与此相比，醒酒适用于饮用新酒。葡萄酒要醒酒的目的不是为了过滤沉淀物，而是为了让酒液大面积接触空气，使葡萄酒具有成熟的味道。醒酒就像化妆，目的是更好地展现自己。人化妆的目的是显得更年轻，而葡萄酒的醒酒目的是呈现更加成熟的味道。

Q123 葡萄酒换瓶和醒酒时使用同样的醒酒器吗?

醒酒器有很多种类，也分不同的大小。换瓶时选择适合的醒酒器很重要，选择时需更注重醒酒器的大小。陈年葡萄酒换瓶时最好在过滤沉淀物的同时尽量避免与空气接触，因为陈年葡萄酒过多接触空气会失去原有的味道。因此陈年葡萄酒换瓶时为了避免接触大量的空气，需要用小型醒酒器。相反，需要醒酒的葡萄酒要使用能最大限度与空气接触的

如何正确地换瓶？

前几年，朋友委托我担任葡萄酒活动的主持人。那是在首尔高级酒店专门为几位客人举行的葡萄酒品尝会。平时就喜欢参加葡萄酒活动的我，对这次活动充满了期待。我期待能品尝到很稀有或者很特别的葡萄酒。喝过再多的葡萄酒仍然会有这种俗气的念头。那天活动的主推酒是 2001 年份的拉菲堡（Château Lafite Rothschild）和 1994 年份的木桐庄园（Château Mouton Rothschild）。

这两种葡萄酒都是法国波尔多梅多克产的一级特等酒（1er Grand Cru）。葡萄酒的价格不菲，许多葡萄酒收藏家和爱好者都可遇而不可求。

有机会能品尝到这么好的葡萄酒，怎么可能不动心呢？因为要主持活动，所以有一点紧张。这种活动最重要的是与工作人员的沟通。在活动举行之前我就与活动主办者沟通过了，了解到桌椅位置和灯光花饰的种类、菜单、活动顺序等准备工作已经安排妥当。另外我特意拜托活动管理者好好保管葡萄酒，最晚也要在 3 天前把葡萄酒送到酒店，放在阴凉处保管。活动当天，心情激动的我提前 3 小时就来到活动现场。事实上因为提前都准备好了，所以只要提前 1 小时到场就行。可我担心葡萄酒会出问题，就提前来到了活动现场。到场后我本想先检查桌椅和其他准备工作的情况后再去试饮葡萄酒，但是主办者竟然说葡萄酒还没到现场。我明明好几次告诉他们要提前 3 天把葡萄酒送到酒店，但他们还是没有那么做。过了 1 小时后，主办者才兴高采烈地将葡萄酒运到了活动现场。他解释说葡萄酒需从骊州（韩国城市名）的葡萄酒储存室里拿来，所以晚了一些。他说他不放心把葡萄酒存放在酒店，而存放在骊州的葡萄酒储存室会让他更放心，而且储存条件也更好。当然，他说的一点都没错。

打开葡萄酒一看，如我所想葡萄酒很浑浊。主办者顿时脸色苍白，问我是否是假酒。我把葡萄酒都打开后开始换瓶。

葡萄酒如果存放时间长，会在熟成过程里产生沉淀物。这虽然不会影响葡萄酒的香气和味道，但会让葡萄酒浑浊。当然不能品尝这种浑浊的葡萄酒，所以要在喝之前换瓶，过滤掉沉淀物。如果想要更完美，须至少提前 1 天将葡萄酒瓶竖立，让沉淀物沉淀下来。

这活动的主办者虽然把葡萄酒放在地下储存室保存了一个星期，但是在送酒的过程中葡萄酒中的沉淀物使葡萄酒再一次浑浊。所以我才拜托他提前 3 天把酒送到酒店保管，但因为没有很好地沟通便出现了上述的错误。

特级葡萄酒如同名牌服装，一般的牛仔裤对洗或烫可以不用很讲究，但是名牌服装对于衣服的保管、洗和烫须更加慎重。如果烫坏了，那么衣服就失去了名牌的价值。因此服务好的葡萄酒能让葡萄酒的味道更上一层楼。

换瓶就像烫名牌衣服，衣服不烫也能穿，但是烫好的衣服能让穿的人更显气质。

醒酒器。当然，这种葡萄酒在换瓶时为了增强醒酒效果，倒酒时可以将葡萄酒从高处慢慢地往下倒。

Q124 香槟也要换瓶吗？

虽然不是很常见，但是也可以换瓶。香槟经过换瓶后其香气也会变得更浓，口感也会更细腻，但是香槟含有的碳酸气体会变少。当然，如果觉得香槟的碳酸气体太浓，换瓶后饮用口感会更细腻。

Q125 高级葡萄酒必须要换瓶吗？

高级葡萄酒不需要每瓶都进行换瓶。相反，价格低廉的葡萄酒则更需要换瓶。换瓶与葡萄酒的价格无关，按个人爱好自行选择。

2. 选择醒酒器

Q126 醒酒器的大小有几种？

一般有 750 毫升、1000 毫升、1500 毫升三种大小。最常使用的是 1500 毫升的醒酒器。通常小的用于换瓶，大的用于醒酒。

Q127 用于陈年葡萄酒和年轻葡萄酒的醒酒器有什么不同?

可以根据大小区分用于陈年葡萄酒和年轻葡萄酒的醒酒器。年轻葡萄酒需要与大量的空气接触，所以最好用尺寸大的并且瓶口又宽又长的醒酒器。相反，陈年葡萄酒要避免与空气接触，所以用尺寸小的并且瓶口又细又短的醒酒器会更好，这种醒酒器有的还会用软木塞最大限度地避免空气进去。

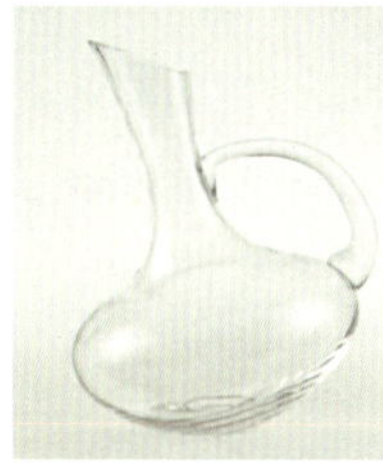

年轻葡萄酒醒酒器（1500毫升）

陈年葡萄酒醒酒器（750毫升）

Q128 款式不同的醒酒器其用处也会不一样吗?

醒酒器有各种样式和设计。常见的是葫芦形瓶口、底部宽的醒酒器。此外鸭形、水壶形、花瓶形等醒酒器也很常见。但是需要换瓶的葡萄酒种类不会因为醒酒器的外形不同而随之变化，选择时首先要考虑的是醒酒器的尺寸。

Q129 好的醒酒器需要满足哪些条件?

主要条件有以下三点：第一，醒酒器要透明，因为不透明会看不清葡萄酒的颜色和沉淀物。第二，醒酒器的形状要有曲线，曲线形状可以让葡萄酒在醒酒器里散开并加快葡萄酒的醒酒进程。第三，要便于倒酒服务，再好看的醒酒器如果不便于倒酒，那么其实效性也会降低。

130 如果没有醒酒器可以用什么代替?

如果家里没有醒酒器，可以用瓶口宽、透明的玻璃制品，例如干净的玻璃花瓶或玻璃罐代替。要避免使用铁制产品，因为这种材质的产品有可能与葡萄酒产生化学反应使葡萄酒变质。虽然外观很重要，但是别忘了要选择便于倒酒服务的产品。

3. 换瓶方法

131 葡萄酒换瓶时需要准备什么?

需要准备葡萄酒、醒酒器、葡萄酒开瓶器、葡萄酒杯、亚麻布（餐巾纸）、蜡烛、火柴等物品。葡萄酒换瓶时肯定需要葡萄酒、葡萄酒开瓶器和醒酒器。亚麻布是为了在倒酒前擦掉其他不干净的物质。用火柴点燃蜡烛是为了在换瓶时看清沉淀物。葡萄酒杯是为了品尝葡萄酒。

Q132 葡萄酒要在换瓶后试饮吗?

葡萄酒最好在换瓶前试饮。试饮葡萄酒是为了确认葡萄酒是否变质。如果换瓶后发现葡萄酒有问题，那还得继续选择其他葡萄酒来进行换瓶，会很麻烦，因此可以先试饮后按葡萄酒的新鲜程度选择相应的醒酒器。

Q133 该怎样进行换瓶?

①打开葡萄酒；②在杯子里倒入适量的葡萄酒后试饮；③试饮完葡萄酒后选相应的醒酒器；④点燃蜡烛后，分别用手拿着葡萄酒和醒酒器，将葡萄酒慢慢地贴着醒酒器的内壁倒入；⑤视线集中在葡萄酒瓶颈处，在沉淀物即将倒出来时结束倒酒；⑥换瓶结束后，把醒酒器中的酒倒在杯子里即可。

Q134 蜡烛要放在哪里？

蜡烛要放在桌上。换瓶时要把蜡烛放在葡萄酒瓶颈的方向。蜡烛、葡萄酒瓶颈和换瓶人的视线要在一条线上，这样才能比较容易地看清楚沉淀物的移动方向，完成换瓶。还有，如果要更加仔细地观察沉淀物，需要把锡箔纸完全清理干净（参见Q133的图片②）。换瓶结束后不要用嘴吹灭蜡烛，因为蜡烛的烟味有可能会影响葡萄酒的香气。

Q135 换瓶时要把葡萄酒倒在醒酒器的哪个部位？

虽然会因为葡萄酒的新鲜程度而选择不同的醒酒器，但如前面所述，不要直接倒在醒酒器底部，而是沿着醒酒器的内壁倒入即可。这样醒酒器里的葡萄酒就会加快醒酒进程。换瓶时最好将醒酒器往葡萄酒瓶方向略微倾斜。

Q136 高举葡萄酒瓶后把酒倒在醒酒器里换瓶是否更好？

高举葡萄酒换瓶不只是为了看起来美观，还有与空气充分接触加速醒酒的效果。这种方法虽然对年轻葡萄酒很有效果，但是对陈年葡萄酒会有不好的影响，所以必须要在换瓶前试饮葡萄酒。

Q137 换瓶时是否要把葡萄酒全部倒进醒酒器里？

没有沉淀物的葡萄酒可以全部倒进去，但是有沉淀物的葡萄酒如果一次性把葡萄酒全部倒进醒酒器里，那么沉淀物也会一起进去，也就失去换瓶的意义了。因此可以先倒入3/4左右的葡萄酒，之后把酒瓶放平，待沉淀物沉淀后再继续换瓶。换瓶过程中要小心，不要让沉淀物进去。

138 醒酒器里的葡萄酒要倒满吗？

1500毫升的醒酒器里可以倒入两瓶葡萄酒。但在换瓶时不能用两瓶葡萄酒将醒酒器倒满，通常会倒入一瓶至醒酒器的1/2位置。如果将醒酒器倒满，既会对倒酒服务造成不便，也会减慢醒酒的速度。虽然很麻烦，但还是建议慢慢换瓶。

139 葡萄酒换瓶支架是什么？

是指陈年葡萄酒换瓶时使用的工具，通过它可以更精确地换瓶。

①

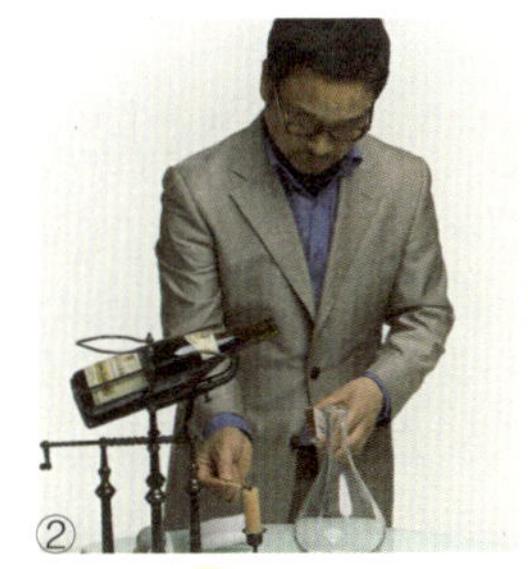
②

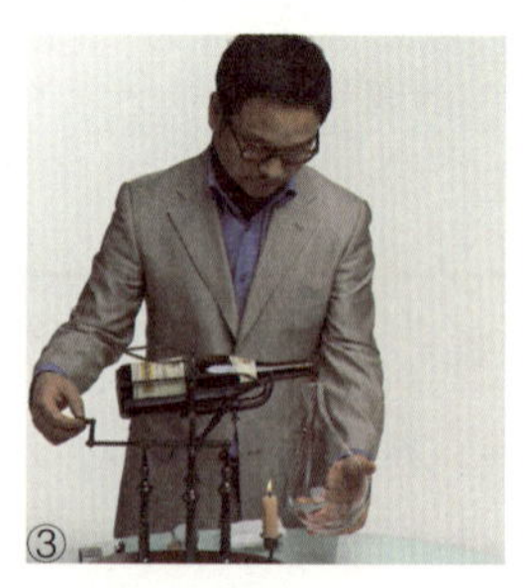
③

④

Q140 用醒酒器倒酒时可以用两只手一起倒吗?

虽然用一只手倒酒看起来很帅，但是我们首先要考虑的是安全问题。所以新手们最好用两只手抓着醒酒器倒酒（图①）。特别是大容量醒酒器里剩了少量的葡萄酒时，要如图所示倒着抓醒酒器，这样倒酒比较方便（图②）。

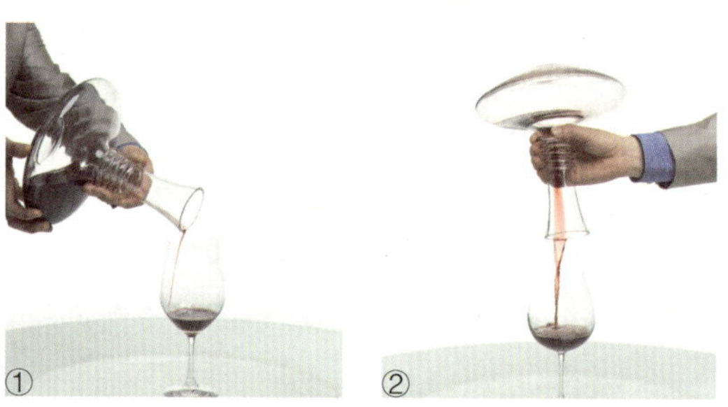
① ②

Q141 换瓶结束后空葡萄酒瓶要从桌上收拾掉吗?

这个问题需要由主人来决定。在西餐厅或家里换瓶时最好把空葡萄酒瓶放在桌上。准备葡萄酒的人知道醒酒器里装着哪种葡萄酒，但是被招待的客人可能不知道是哪种葡萄酒，所以要把空瓶放在桌上以便于告诉客人是哪种葡萄酒。但这也需要餐桌上有足够的空间可以放。

Q142 使用过的醒酒器该怎样清洗?

使用过的醒酒器最好用热水清洗 2 ~ 3 次。如果有顽固的污渍，就用柔软的刷子刷干净。洗完后要把醒酒器倒着放以便于沥干水分，然后用餐巾纸轻轻地擦拭干净后保管即可。

Q143 醒酒器里有异味时该怎样处理?

醒酒器里有异味是因为发霉。烘干醒酒器，霉味自然会消失。所以要先清洗醒酒器，待完全变干后放平保管为好。另外，长时间没有使用的醒酒器也要清洗。

异味过重时将掺着洗洁精的热水倒入醒酒器，浸泡一晚后用柔软的刷子清洗干净后保管即可。

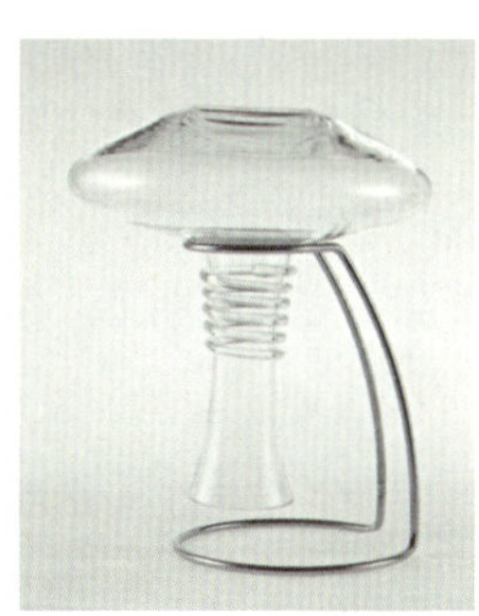

1. 葡萄酒和熟成

Q144 葡萄酒的保质期是多久?

保质期与饮料的品质相关，一般由公共机关或生产商来制定。保质期按食品的品种分为很多种，从几天到几年，一般会标在消费者比较容易看到的地方。随着时间的推移，食品的味道和成分会变质，保质期就是保证食品不变质的期限。通常零售的食品或饮料都会标上保质期。当然，发酵酒（米酒、啤酒等）也会有保质期，但是属于发酵酒种类的葡萄酒没有特定的保质期。

Q145 葡萄酒会变质吗?

制定保质期是为了不让人们吃到腐烂变质的食物。当然，葡萄酒如果存放时间太久，味道也会变，但是这种现象不叫“变质”而叫“氧化”。葡萄酒被氧化，其酸性就会变强，最后变成食醋，食醋也是食品。但是像雪利酒（sherry）等一些葡萄酒在酿造过程中会故意进行氧化。

Q146 包括威士忌在内的蒸馏酒也会氧化吗?

像威士忌一样蒸馏酿造的酒不需要氧化，一旦灌装后也不会熟成。就像17年温莎威士忌存放10年后也不会变成27年温莎威士忌一样，但葡萄酒在灌装后还会继续熟成。所以威士忌有年龄（12年温莎、17年温莎等），葡萄酒只有年份（vintage）。即威士忌在灌装后不会熟成，但葡萄酒在灌装后会熟成。虽然存放时间较久的威士忌会因为蒸发而味道稍变，但这种情况不是因为熟成造成的。

Q147 “氧化”指的是什么?

氧化指的是与空气，即氧气发生反应。葡萄酒如果接触空气，其味道、香气甚至颜色都会发生变化。这种葡萄酒的熟成过程用化学术语叫“氧化”。如果说葡萄酒已被“氧化”，是指葡萄酒过度熟成即将变成食醋。

148 葡萄酒为什么会被氧化？

与空气的接触面广就会加快氧化的速度。另外温度变化大、与紫外线接触、放在干燥处、有较大的震动都会加速氧化。所以保管葡萄酒时要注意温度、湿度、阳光、震动等因素。

149 葡萄酒被氧化后会有什么变化？

颜色会变得接近于红砖的颜色。香气闻起来有股醋酸味，即柿子醋的味道。这种味道不仅不新鲜，而且淡而无味，回味也会很快消失。

2. 剩余葡萄酒的保存方法

150 开瓶后的葡萄酒可以保存多长时间？

每种葡萄酒都不一样。劲大的葡萄酒可以保存1周左右，劲小的葡萄酒几个小时后就会变质。一般情况下我们喝的年轻葡萄酒可以在冰箱里保存2～3天。

151 如果想延长已开瓶葡萄酒的保存时间该怎么办？

开瓶后的葡萄酒容易被氧化是因为与空气接触，如果能减少与空气的接触，保存时间就会变得更长。但是事实上剩半瓶左右的葡萄酒很难避免与空气接触。这时不如换装到小酒瓶中，灌满整个瓶子，这样就可以减少与空气的接触了。最近也开始用充入氮气或真空泵来防止葡萄酒被氧化。另外低温状态下也可以减缓氧化速度，即可以放在冰箱里保存。其实最好的方法是“把打开的葡萄酒尽快喝完”。

Q152 开瓶后的葡萄酒也要平放吗?

剩余的葡萄酒不用平放保存。剩余的葡萄酒很快被氧化是因为瓶里的空气，而平放葡萄酒会接触更多的空气，加速氧化。

Q153 开瓶后的葡萄酒可以用蜡液将软木塞密封瓶口吗?

不会有很好的效果。开瓶后的葡萄酒之所以被氧化是因为与瓶内的空气发生反应。开瓶后的葡萄酒即使隔离外部的空气，也会与瓶内的空气发生氧化反应。

Q154 为了长时间保存葡萄酒可以进行冷冻吗?

现在很多食品都可以冷冻保存，但是冷冻葡萄酒会破坏葡萄酒的香气和味道。葡萄酒冰冻后会使水和酒精分离，随之香气和味道也会消失。如果不是喜欢喝冰冻葡萄酒，就不要冷冻保存。

Q155 用软木塞能否塞住已打开的葡萄酒?

软木塞的底部因为与葡萄酒接触而膨胀，因此很难把开过的软木塞重新塞回去。这时把软木塞擦干净倒着塞进去就行。也可以从商店买葡萄酒瓶塞，一般是塑料瓶塞，可以像软木塞一样塞住瓶口，但是不能阻止葡萄酒的氧化。

3. 酒窖的环境

Q156 保存葡萄酒的酒窖需具备哪些条件?

要长时间保持葡萄酒的新鲜度需要满足温度、湿度、阳光、震动和空气等条件。其中湿度和香气与软木塞有关。通过软木塞的微小组织，空气会在瓶内和瓶外之间流通，因此对葡萄酒的状态会有一定的影响。但是塑料瓶塞或螺旋盖不会受到湿度和香气的影响。

Q157 每种葡萄酒的储存温度都不一样吗?

葡萄酒的储存温度与种类无关，都是 13～17℃。温度过高熟成速度就会变得更快，温度过低熟成速度就会变得慢而且酒石酸等成分会结晶化，葡萄酒就会失去新鲜的味道。另外冰冻的葡萄酒融化后味道会变，所以千万不要冰冻葡萄酒。

保管葡萄酒时要维持适当的温度，不能让温度发生变化，这对保管葡萄酒很重要。

Q158 为了不让软木塞发霉要除湿吗?

要保持充分的湿度，70%左右最好。太干燥会让软木塞收缩使大量空气与瓶里的葡萄酒接触而加速氧化。相反，湿度太大有可能会发霉，导致酒标和软木塞受损。

Q159 阳光对葡萄酒有什么影响?

葡萄酒在瓶里会慢慢地熟成。这种熟成过程也叫“睡觉”。为了睡好觉最好不要让阳光照射到。特别是紫外线会让葡萄酒产生不必要的化学反应，所以要注意保管。保管葡萄酒要选择阴暗的地方，葡萄酒瓶因此也多为深色。

Q160 震动对葡萄酒有什么影响?

震动会让葡萄酒的沉淀物上浮，使葡萄酒变得浑浊。另外震动是促进葡萄酒熟成（氧化）的原因。所以搬运葡萄酒时要最大限度地减少震动，慢慢地搬。

酒窖是什么样子的？

有一次，在豪华的会议室与一位拥有迷人微笑但十分威严的公爵见面。刚烤出来的曲奇和热乎乎的香草茶消除了我在旅途中的疲劳。休息了一会儿，酒庄主人公爵带我们穿过大厅到了一处有城门那么大的门前。开门后从里面吹来了一股湿润的凉风。里面黑乎乎的什么也看不清。公爵打开了灯的开关，照明灯就像古代侍奉王的下人跪在地上一样，灯光很暗几乎只能看到自己脚下。随着灯光我们走进了地下室。

走在前面的公爵点了一盏蜡烛后再慢慢地往地下室走去。我们也跟着一起走了下去。

越往下走里面的空气就越凉，走到一半多时就觉得很阴森了。这时才想起刚才公爵要我带外套时我没在意，所以没带。现在想起来真的很后悔。公爵说地下酒窖任何时候都会维持这个温度。

随着白色大理石阶梯往下走会感觉湿气很重。阶梯边的缝隙有能让鲵鱼生长的湿度，但不会积流成河。如果湿度太大会对葡萄酒不好，特别是会让软木塞发霉，让酒标受损，成为降低葡萄酒价值的因素。韩国地下酒窖的湿度通常很高，所以夏天会用除湿器调节湿度。

慢慢地一步一步走下20米左右后到达了最底部。突然眼前一亮，仿佛到了古代希腊神殿一样。香槟地区是白垩质土壤，底部是白色大理石岩石，所以在古罗马时期造神殿时会到这里挖掘岩石，古罗马的巨大神殿差不多都是用这里的石头所建。挖掘岩石的地方早在300年前就开始作为保管葡萄酒的酒窖了。酒窖的长度每个香槟酒商都不一样，最长的大约能有30千米长。这种地下酒窖就像人类创作出来的伟大艺术品，当然也是那时奴隶们的劳动成果。

到达底部后因为眼睛已经适应了黑暗的环境，所以感觉周围比刚下阶梯时更清晰了，但照明灯灯光还是很暗。葡萄酒的熟成就像睡觉，灯光太亮很难睡着，葡萄酒也很难熟成。特别是紫外线会让葡萄酒产生不必要的化学反应，所以要尽量避免。地下酒窖里的空气感觉很新鲜，温度大约是 13℃，湿度指向 70%左右。这种条件基本上常年如此。

酒窖要具备的基本条件里适当的温度和湿度最重要。温度太高会加快熟成的速度，太低则不能很好地熟成。适当的温度需维持在 13 ～ 17℃。

湿度对葡萄酒的熟成也很重要。湿度太低会让软木塞收缩，空气会过多地进入葡萄酒瓶内，随之加快葡萄酒的熟成速度。所以湿度最好在 70%左右。地下酒窖能自然地调节空气的温度和湿度。

之后需要的是保持葡萄酒香气的新鲜空气。一般地下不易通风，所以更要费心。如果不能及时通风换气，潮气产生的霉味就会渗进葡萄酒里,所以地下酒窖需要换气设备。这与公爵手里拿的蜡烛相关。葡萄酒在地下酒窖里发酵、熟成，发酵时会产生二氧化碳。虽然二氧化碳无色无味，但对人很致命。拿蜡烛是因为在二氧化碳较多的地方蜡烛会自然灭掉，能提醒人们处于危险地带，要确保生命安全。事实上也有人忽视这种问题后发生意外。

我所参观的地下酒窖有大约 3 米宽的走廊，许多有小院子大小的空间连接着走廊。

最后到了品尝区一起品尝了香槟。在深深的酒窖里品尝葡萄酒让我记忆犹新,我感觉到了像在母亲怀抱里的那种舒服。与土生万物，万物归土一样，土里（葡萄树）生葡萄，再到土里（地下酒窖）熟成葡萄酒，所以地下酒窖让我感觉很舒服。

Q161 空气的味道对葡萄酒的保存有什么影响?

葡萄酒周围如果散发出其他味道，那么这种味道就会渗进葡萄酒里。特别是大蒜等调味料里散发出来的刺激性味道或汽油等味道会通过软木塞渗进葡萄酒里，所以要十分注意。因此在酒窖里释放新鲜的空气尤其重要。

Q162 葡萄酒要竖着保存吗?

葡萄酒必须平放保存，要给软木塞提供充足的水分。如果竖着放葡萄酒，软木塞就会收缩，使空气进入瓶里加速氧化。平放保存可以让软木塞与葡萄酒接触，使其保持膨胀状态，防止过多的空气进入瓶内。

Q163 在家要怎么保存葡萄酒?

以上述的条件为基准，我整理了在家可以保存葡萄酒的地方。

	冰箱	装饰柜	阳台	壁橱	鞋柜
温度	○	×	×	○	○
湿度	×（干燥）	×	×	×	×
阳光	○	×	×	○	○
震动	×	×（音响等）	○	○	○
空气味道	×（冰箱味道）	○	○	○	×

（以都市楼房为准 / ○：好；×：不好）

观察上述图标可以发现，一般人用来保存葡萄酒的装饰柜的条件最不符合。装饰柜因为受暖气的影响昼夜温差较大且内部干燥，还有室内的照明灯、音响等设备的震动都能影响葡萄酒的品质。如果现在你家的装饰柜里还有葡萄酒，就赶快换个地方保存或尽快喝掉吧！

没想到冰箱里会很干燥吧？冰箱里的食物一般很少变坏，但会变干无法食用的原因就是冰箱里比较干燥。观察上述表格可以发现，壁橱的条件最合适。这里的壁橱是指没有暖气、当作储藏室使用的房间。这里因为没有暖气所以温度变化不大；门一般会锁住，因此不会受到阳光、震动、空气味道等影响。

Q164 有什么好办法能解决保存葡萄酒里最难的湿度控制？

用水泥建造的房子，特别是离地面较远的房子很容易干燥，所以以前的人们在地下建造了储藏室。观察上一幅图表可以发现，如果能解决湿度问题，壁橱就是最适合保存葡萄酒的地方。把水倒进碗里再放进壁橱里可以解决壁橱的湿度问题。

Q165 如果想保存好葡萄酒需要酒窖吗？

当然，如果能有葡萄酒酒窖是最好的，但是酒窖的价格和维护费用太高。如果计划把葡萄酒保存好多年，购买酒窖是很明智的选择。如果购买葡萄酒（陈年葡萄酒除外）后计划要在几个月以内喝完，那么就不需要酒窖了。用购买酒窖的费用享受更多的葡萄酒会更实惠。

Q166 葡萄酒如果没有放在酒窖里能保存多长时间？

葡萄酒的生命周期用曲线图表示呈抛物线状。葡萄酒刚开始熟成时品质会慢慢好起来，到达一定程度后会开始下滑，所以葡萄酒最好在熟成到最佳时期时喝。但是每种葡萄酒熟成到最佳的时间都不一样。例如，新鲜、劲小的葡萄酒会很快熟成，劲大的葡萄酒会过好几十年才能熟成，所以陈年葡萄酒对保存状态很敏感，而劲大的年轻葡萄酒则不敏感。我们一般喝的葡萄酒基本上都是年轻葡萄酒。平放的年轻葡萄酒可以保持新鲜好几个月。

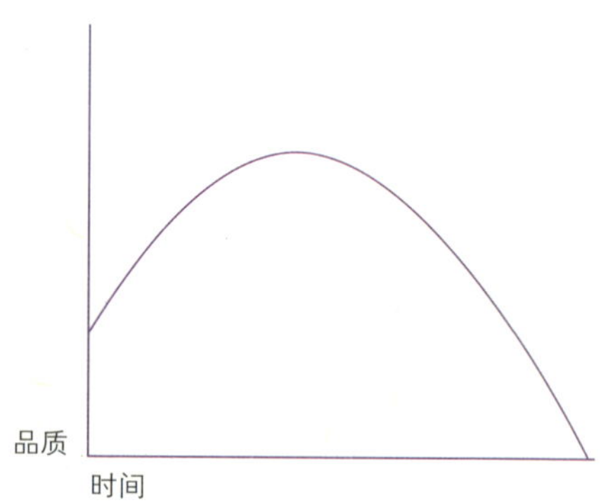

葡萄酒的生命周期

Q167 酒窖有哪些种类?

保存葡萄酒最理想的酒窖是“地下酒窖”(cave),一般建在地下1～2层,可以提供所需的温度、湿度、阳光等保存葡萄酒的最佳条件。事实上在城市的家庭里通常无法具备地下酒窖，所以可以用葡萄酒保鲜柜保存葡萄酒。葡萄酒保鲜柜能像冰箱一样自动调节温度，防止震动，还可以自动调节湿度，但缺点是机器价格和电费等维护费用较高。

Part 3
葡萄酒，
深入了解才会更幸福

狄俄尼索斯是葡萄酒酒神，他是宙斯和塞墨勒的儿子，因为受到赫拉的诅咒拥有一身狂气行于世间。行于世间时他教人如何种植葡萄和酿出甜美的葡萄酒。狄俄尼索斯的性格就像葡萄酒的特征，喝葡萄酒时能激发创作灵感和享受纯粹的快乐，但喝多了却会带来一身狂气。17 世纪法国的哲学家帕斯卡用“一瓶葡萄酒蕴含着比所有书本更多的哲学”这句话称赞了葡萄酒激发思维的深奥一面。

葡萄酒从什么时候开始酿造的？有些人从克罗马农人在拉斯科洞穴壁上画的葡萄推定是 3 万～ 4 万年前。还有考古学家认为人类最早开始喝葡萄酒是在公元前 9000 年。《圣经》里记载了诺亚在遇到大洪水后种植了葡萄树并酿造了葡萄酒的内容。不管怎么说，人类历史就是葡萄酒的历史，这是不可否认的事实。

下面这个故事也讲到了葡萄酒的起源。

“传说一国王将失宠的妃子扔在地窖里，让其自灭，却忘了这是一个贮存葡萄的地窖。饥饿中妃子欲寻短见，误将发酵的葡萄汁当毒药喝下，却感觉酸甜可口、芳香浓郁。半月后，国王发现妃子不但没死，反而愈发美艳动人，于是当即命令其生产这种好喝的汁。妃子将葡萄整体压榨取汁，经过发酵，酿造出了红色的汁,取名红葡萄酒。喜新厌旧的国王再生毒计，要不带红色的葡萄酒。妃子一次次试验，一次次失败，就在快放弃时突然发现红色色素源于葡萄皮。于是将葡萄皮去除，只压榨葡萄肉，即酿成了白葡萄酒。最后当然是皆大欢喜的团圆结局，妃子再度受宠，葡萄酒也因此诞生并广泛流传，受到人们的喜爱。”

当然，这只是关于葡萄酒起源的寓言故事。

虽然很多专家指责酒精中毒和饮酒事故带来的危害，但为什么酒的需求量还是与日俱增？本章会介绍葡萄酒的家谱（分类）、酿造过程和拥有东方哲学的“风土”，拉近您与葡萄酒的距离。

1. 葡萄酒的定义

168 葡萄酒和红酒有什么区别?

我们一般把葡萄酒叫做“红酒”。白葡萄酒和红葡萄酒是指“白色的葡萄酒”和“红色的葡萄酒”。这样的区分是不是很简单呢!

169 什么是葡萄酒?

可以概括为“用葡萄汁发酵出来的酒”。葡萄酒在酵母的作用下产生的发酵过程很重要。没有开始发酵的葡萄汁不能叫做“葡萄酒”。发酵是区别葡萄酒和威士忌或干邑等蒸馏酒的基准。

170 发酵与腐烂有何区别？

发酵与腐烂均属于有机物的分解过程，但发酵的食物可以吃，而腐烂的食物不可以吃。葡萄酒是葡萄发酵出来的产物。葡萄酒的发酵是指酵母分解葡萄含有的糖分产生酒精和二氧化碳的过程。

171 米酒也是葡萄酒的一种吗？

韩文的“와인”（wine）有“发酵酒”之意。水果、植物或者谷物发酵出来的酒都可以叫“와인”，如柿子酒、覆盆子酒、米酒等。但是世界上公认的“wine”是指用葡萄发酵出来的酒，所以在外国朋友面前把米酒说成“wine”会让他们匪夷所思。

172 在家用葡萄和烧酒一起酿造的酒也算葡萄酒吗？

虽然这种饮料内含着母亲的真诚，但严格来说不能叫做葡萄酒。葡萄酒会在酵母的作用下发酵。酵母对温度和酒精度很敏感。温度太高或太低或酒精度太高时都会对酵母的活动产生影响。如果在葡萄汁里放入烧酒（酒精度 20% 以上）酵母就不会产生反应。酵母没有反应就不会使葡萄酒发酵，而且只有甜味，味道就像葡萄汁兑烧酒一样。这只能算是葡萄兑烧酒的利口酒（liqueur）。如果硬要划分到葡萄酒的品种里，那最接近于加强型葡萄酒（fortified wine）。

Q173 在家也可以酿造葡萄酒吗?

在家也能酿造出有个性的葡萄酒。以前酿造葡萄酒最难准备的材料是酵母，但现在很容易就能找到酿造用的酵母。

Q174 葡萄酒有多少种?

葡萄酒按不同的方法分类可以分成几种到数千种。下面是按酿造方法的分类。

葡萄酒	**起泡葡萄酒** (sparking wine : 有碳酸气体的葡萄酒)	香槟，传统起泡酒 (Crémant，法国)，卡瓦 (Cava，西班牙)，塞克特 (Sekt，德国)，起泡酒 (Spumante，意大利)
	不起泡葡萄酒 (still wine : 没有碳酸气体的葡萄酒)	白葡萄酒，红葡萄酒，桃红 (Rosé) 葡萄酒
	加强型葡萄酒 [fortified wine : 葡萄酒里添加了酒精，比一般葡萄酒的酒精度高(在 18% 以上)]	波特酒(port)，雪利酒(sherry)

起泡葡萄酒

不起泡葡萄酒

加强型葡萄酒

175 哪些葡萄品种能酿造葡萄酒?

通常葡萄酒纯粹是用葡萄酿造的。葡萄可以分成食用葡萄和酿造用葡萄。一般用酿造用葡萄酿造葡萄酒。酿造用葡萄品种有霞多丽、长相思、雷司令等白葡萄品种和赤霞珠、梅乐、西拉、金粉黛、马耳培等红葡萄品种。

2. 不起泡葡萄酒的酿造

176 不起泡葡萄酒指的是什么?

不起泡葡萄酒与起泡葡萄酒相反，也叫“无泡葡萄酒”，通常是指我们常喝的没有气泡的葡萄酒。不起泡葡萄酒包含白葡萄酒、红葡萄酒、桃红(Rosé)葡萄酒等。

177 怎样酿造不起泡葡萄酒?

葡萄酒是含有13%左右（按种类有4%～16%）酒精的饮料。葡萄里含有的糖分和酵母发生反应产生了酒精和碳酸气体。只将酒精装进瓶里的是不起泡葡萄酒，而将酒精和碳酸气体都装进瓶里的是起泡葡萄酒。

糖＋酵母→酒精＋CO_2

178 怎样酿造白葡萄酒？

收获—去梗—压榨—发酵—熟成—过滤—灌装

收获 大部分的葡萄在秋天收获，但按品种不同也有在冬天收获的。一般采摘葡萄时会把葡萄成串摘掉，但有时按所酿葡萄酒的需求会只采摘葡萄粒或者连葡萄枝也摘掉。可以徒手或者使用机器收获。在酿造高级葡萄酒时会徒手采摘葡萄。

去梗 把已采摘的葡萄的梗除掉，只留下葡萄粒。为了酿造出更好的葡萄酒，会从去梗的葡萄里挑选优良品种。

压榨 把选好的葡萄放进压榨机里慢慢地压榨。这时要在不把葡萄皮和葡萄籽压碎的情况下压榨出葡萄果汁。采用这方法，可以用红色葡萄品种酿造出白葡萄酒。

发酵 在用木头或不锈钢制作的发酵桶里倒进已压榨的葡萄汁和酵母，让葡萄汁在里面发酵。不同品种的葡萄酒需要不同的发酵时间和发酵温度，注重新鲜感的白葡萄酒一般要低温发酵（8～14℃）。在发酵过程里糖分会变成酒精。

熟成 是指调制通过发酵酿造出来的葡萄酒的过程，可以把酸味变得很柔顺。按葡萄酒品种会采用橡木桶或不锈钢桶进行熟成。

过滤 是灌装前过滤沉淀物的过程，可以让葡萄酒更鲜明，更好喝。

灌装　酿造完的葡萄酒灌装后贴上酒标出售。按葡萄酒品种不同，也有灌装后需要一定时间熟成的葡萄酒。

Q179 怎样酿造红葡萄酒？

收获—去梗—破皮—发酵—压榨—熟成—过滤—灌装

收获　选择收获成熟优良的葡萄。

去梗　在已收获的葡萄串里只取出葡萄粒。但按地域或葡萄酒品种不同有的不会去梗（薄酒莱新酒等），这是为了把梗里含有的单宁添加到葡萄酒里。

破皮　是弄破葡萄皮的过程。这样能加快酵母与糖分的结合，让其快速发酵。有的葡萄酒会省略这个过程（薄酒莱新酒等）。

发酵　是把弄碎的葡萄装进发酵桶里发酵的过程。这时糖分会慢慢地变成酒精。红葡萄酒与白葡萄酒的区别在于会把葡萄皮和籽一起发酵。为了浸出葡萄皮含有的红色花青素，一般会高温发酵（22～28℃）。按发酵方式不同，葡萄酒的颜色也会变深或者像桃红葡萄酒一样变成粉红色。

压榨　是把发酵后的葡萄酒与葡萄皮等沉淀物分离的过程。按不同的压榨方式可以形成两种果汁（葡萄汁）。一种是从发酵桶里不加人为压力自然流出来的果汁，叫自流汁；另一种是取完自流汁后人为挤压剩下的葡萄皮挤出的压榨汁。通常后者会酿造出更苦涩的葡萄酒。

熟成 把葡萄酒倒进桶里熟成让其变得更柔顺的过程。按照葡萄酒的种类，可以用不锈钢桶、橡木桶或放入橡木块让葡萄酒熟成。熟成的时间也是各不相同。

过滤 有些地方也有用传统方法过滤葡萄酒，但是现在多用各种各样的过滤器过滤葡萄酒。

灌装 把酿造完的葡萄酒灌装到瓶里，贴上酒标对外出售。按口味不同，也有灌装后让酒慢慢熟成的。

Q180 怎样酿造桃红葡萄酒？

桃红葡萄酒的酿造方法与红葡萄酒的酿造方法基本相同。唯一不同的就是在发酵时缩短浸皮时间，让浸出的花青素颜色比红葡萄酒更浅一些。因此虽然颜色呈粉红色，但味道接近白葡萄酒。有时也会把红葡萄酒和白葡萄酒混合，酿造出桃红葡萄酒。

3. 香槟（起泡酒）的酿造

Q181 香槟指的是哪种葡萄酒?

香槟是指在法国香槟（Champagne）地区用传统的香槟法酿造出来的起泡酒。一般多将起泡酒统称香槟，但严格来说香槟是受酒标法保护的商品名称之一。

Q182 其他国家和地区的起泡酒叫什么名字?

起泡酒可以分为像香槟一样的高碳酸葡萄酒和低碳酸的低发泡型葡萄酒。各国的起泡酒名字如下:

	发泡型葡萄酒	低发泡型葡萄酒
法国	香槟（Champagne）	
	传统起泡酒（Cremant）	红酒慕斯（Vin Mousse）
意大利	苏打白葡萄酒（Spumante）	微起泡酒（Frizzante）
德国	塞克特（Sekt）	珍珠酒（Perlwein）
西班牙	卡瓦（Cava）	起泡酒（Espumoso）
葡萄牙	起泡酒（Espumante）	
南非	经典起泡酒（Cap Classique）	

在除此之外的其他国家一般都叫起泡酒。

Q183 起泡酒指的是什么？

如上所述，我们一般喝的白葡萄酒、红葡萄酒、桃红葡萄酒等属于无泡葡萄酒，与有气泡的起泡酒相反。起泡酒里含有碳酸气体。

Q184 起泡酒的味道怎么样？

起泡酒的味道接近白葡萄酒的味道。因为新鲜爽口，多用于开胃酒（apéritif），有与任何美食都相搭的优点。起泡酒在派对上还可以起到活跃气氛的作用。

Q185 起泡酒里含有多少碳酸气体？

起泡酒包括从 3 个大气压以下的低发泡型葡萄酒到 5 个大气压以上的香槟等。起泡酒的种类不同，碳酸气体的含量也不一样。气压越高碳酸含量就越多。汽车轮胎的气压一般在 4 个大气压左右，所以香槟的气压非常高。

Q186 起泡酒有几种酿造方法？

起泡酒的酿造方法大致有三种：第一，在瓶里二次发酵的“香槟法”。一般在酿造高级香槟酒时用这种方法。第二，槽内二次发酵法（tank method）。二次发酵在大槽里进行，这种方法酿造出来的酒的瓶压会变低。第三，人工注入碳酸法，一般用于低廉的起泡酒。

父亲的礼节

昨天，因为我过生日，所以请朋友和家人在家里一起共享了晚餐。早上老婆和儿子去了趟超市，老婆选了一些没有尝试过的美食材料，跟儿子一起在厨房准备晚饭。

小时候父亲过生日时，如果有客人来访，父亲会在第一时间打扫房子，甚至还会打扫洗手间。另外会告诉我来哪些人，让我转告妈妈。之后会像品酒师一样试饮妈妈做的米酒。

我在一旁听着老婆和儿子在厨房做饭的声音。如今的我不像以前的父亲一样，没有那么多的活儿可干，只是简单地尝一尝饭菜的咸淡，帮帮小忙。但有一样是我一个人负责，也是我最喜欢的事情，就是选葡萄酒。昨天我选了比较清淡的饮料，正好家里有朋友送的苹果酒（Cidre）。苹果酒是用苹果酿造的发酵酒，酒精度低、新鲜、有甜味和气泡，任何人都能喝。市面上常见的汽水的原版就是这个。

我留足时间，将苹果酒放进已调好温度的冰箱里。客人们到了，饭菜也准备好了。我给每人倒了一杯，举杯表示感谢。但是喝完后发现苹果酒的颜色变成了黄金色，也感觉不到气泡，味道也有氧化的感觉。虽然喝这种酒对身体伤害的概率会很小，但是我仍然将所有的杯子都回收了。

给客人倒酒前先试饮是理所当然的事。试饮葡萄酒是为了分辨出葡萄酒是否已变坏，但是教葡萄酒知识的我竟然犯了这种错误！

小时候，平时绝对不会进厨房半步的父亲只有在客人来访时才会进厨房先试饮招待客人的米酒。这是父亲对客人的礼节，不能将不好喝的米酒招待给客人喝。每时每刻都不会忘记。

此时此刻，真的很想念父亲。

Q187 香槟的酿造方法和顺序是怎么样的？

收获—去梗—压榨—一次发酵—混合—灌装—二次发酵—熟成—积累沉淀物—过滤沉淀物—添加—塞软木塞—贴酒标

从收获到一次发酵与白葡萄酒的酿造过程相同。

混合——调配 是将各种葡萄酒混合调出自己喜欢的葡萄酒的过程。由葡萄品种的混合到不同年份的混合，有很多方法。所以香槟一般都是无年份（non vintage）葡萄酒（使用不同年份的葡萄酒）。这种葡萄酒的酒标里不会标注年份。

灌装——加糖和酵母 混合好的葡萄酒装入香槟瓶后，为了生成碳酸气体需再加入糖和酵母。灌装后拿到地下酒窖平放保存。这时用的瓶盖不是软木塞而是皇冠盖。

二次发酵——第二次的发酵 如果说一次发酵是生成酒精的过程，那二次发酵是生成碳酸气体的过程。灌装时添加的糖和酵母会发生反应产生碳酸气体，反应结束后会残留酵母渣。

熟成 在地下酒窖完成二次发酵的香槟，按自己喜欢的味道继续存放让其熟成。不同种类的香槟要熟成一年半或 5 年以上。

积累沉淀物——转瓶 是指将二次发酵后产生的沉淀物积累在瓶口的过程。把平放熟成的香槟倒放在倾斜 45 度角左右的叫“pupitre”的“A”形支架上，之后慢慢转动酒瓶，让沉淀物堆积在瓶口。如今是用机器来完成此步骤以缩短生产时间。

过滤沉淀物——除渣　把堆积有沉淀物的瓶口放进－20℃左右的盐水或冷冻机器里瞬间冷冻，之后开启冷冻的香槟瓶盖，冷冻的沉淀物会因为碳酸气体的压力被挤出瓶外，使香槟得到净化。

添加——补液　除渣后会损失一些葡萄酒，所以要补充损失的部分。经过这个过程，酿造者可以酿造出自己喜欢的香槟。如果要酿造甜味的香槟可以添加甜酒。香槟按糖度大小分为超干、绝干、半干、甜、特甜、绝甜等种类。

香槟种类	糖分含量（克/升）
超干（Extra Brut）	0～6
绝干（Brut）	0～15
半干（Extra Dry）	12～20
甜（Dry）	17～35
特甜（Demi Sec）	35～53
绝甜（Doux）	50～60

塞软木塞　酿造完的香槟塞好软木塞后用铁丝固定，再贴上酒标，就能对外出售了。

4. 波特酒和雪利酒（加强型葡萄酒）的酿造

188　加强型葡萄酒是什么？

加强型葡萄酒用英文叫“fortified wine”，是指在葡萄酒里添加了酒精的葡萄酒。因为添加了酒精，所以酒精含量超过 18%，比普通葡萄酒（酒精含量在 13%左右）的酒精度高。

189　加强型葡萄酒有哪些种？

有波特酒和雪利酒。

190　波特酒和雪利酒的味道怎么样？

波特酒是甜味的，雪利酒是干味的。所以雪利酒是餐前酒，波特酒是餐后酒。

191　怎样酿造波特酒和雪利酒？

基本与红葡萄酒的酿造方法相同，就是在酿造过程里会添加酒精。

波特酒的酿造过程

收获—去梗—破皮—发酵—添加酒精（发酵时）—压榨—熟成—过滤—灌装

雪利酒的酿造过程

收获—去梗—压榨—发酵—添加酒精（发酵结束后）—熟成—过滤—灌装

192 什么时候添加酒精?

添加酒精的时间决定葡萄酒的味道。发酵结束后添加酒精的葡萄酒是干味酒，发酵完成前还有糖分时添加酒精的葡萄酒是甜味酒。一般雪利酒的酿造方法是前者，波特酒是后者。

193 要怎么喝波特酒和雪利酒?

因为波特酒里沉淀物较多，所以要换瓶后饮用。波特酒最好在常温（18℃）下喝。而雪利酒不需要换瓶，可以在常温下饮用，但冰镇后饮用口感会更佳。

1. 风土（terroir）

Q194 “风土”指的是什么？

“terroir”是法语，意思为“土壤、土质”。但是这个词的含义非常广，所以无法用一句话定义。风土作为种植好葡萄的因素，大致要包括气候（天）、土壤（地），还有诚恳热情的农夫（人）。葡萄酒是用100%的葡萄所酿造出来的，所以葡萄的品质会影响葡萄酒的味道。

Q195 气候对葡萄酒有什么影响？

因为每年的气候变化都不一样，因此虽然是同一地区生产的葡萄酒，但是在不同气候下生产出来的葡萄酒的味道也会不一样，这与年份相关。葡萄在生长过程中需要大量的阳光和适当的温度，如果在收获期下雨会影响葡萄的品质。葡萄皮上沾水会让葡萄含有的糖分流失，这就与葡萄酒的酒精度相关。因为糖分会转换成酒精，如果糖分减少，酒精度也会降低。

Q196 为什么在贫瘠的土地里生长的葡萄能酿造出更好的葡萄酒？

因为葡萄树很耐干旱天气，所以能生长数百年。葡萄树长寿的原因是树根能扎到很深的地底下。如果土壤水分充足，就没必要把根扎那么深。贫瘠的土地能让葡萄树的根扎到很深的地底下，这样才能吸收更丰富的营养。贫瘠的环境能让葡萄树更健康地生长。

Q197 在与土壤相关的因素里还有哪种重要因素？

植物生长与阳光有关，所以适宜种在阳光较多的地方。最好是南向、有斜坡的地。如果周围有河流或者湖水会更好。白天阳光照在河面上，河水的温度会变高。到晚上河水会慢慢地散发热气，这种热气能维持葡萄的温度。

Q198 风土里的“人”对葡萄酒有什么影响？

人的诚实和热情能填补风土的不足，也能减少

一杯葡萄酒所带来的幸福与幸运
——风土和天、地、人

“葡萄酒”这个词可以让我们联想到都市里高贵的形象。但其实葡萄酒更具有农村色彩，因为葡萄酒是在农夫们手里酿造出来的。我想起葡萄酒时会首先想到农夫们粗糙的手，而不是《神之水滴》里的主人公敏锐的眼神。

葡萄酒能长时间被人们喜欢是因为有“多样性”的文化背景。葡萄酒也是一种美食，每个人感受到的美食味道都不一样。例如，媒体介绍了一家有名的餐馆，但是去了那家餐馆后也有可能对那家的菜品味道失望。这既不是媒体的错，也不是访问者的错，这是因为每个人的口味不同所造成的。大部分的人认为最好吃的食物是小时候母亲做的菜。在书里或者网上都可以查到自己喜欢的美食的做法，但是即使按上面写的来做，每个人做出的味道也会不一样。这就是美食的多样性。

葡萄酒的多样性不是指法国葡萄酒、意大利葡萄酒、美国葡萄酒、智利葡萄酒等国籍的不同，而是指风土的多样性。

风土的多样性用东方人的概念可以表现为天、地、人。

第一，气候（天）变化的主要因素是气温、日照量、纬度、降水量、风和霜等。例如，葡萄生长时如果日照充裕，那么葡萄里的糖分会很足，能酿造出含有适当酒精的葡萄酒。充分的降水虽然能给葡萄树充足的水分，但是降水太多反而会对葡萄树有害。特别是在收获期降水量较多会很难收获好的葡萄。这种因素在同一地区也是每年都会不同。收获葡萄的当年叫做“年份”（vintage），随着同一葡萄品种、同种葡萄酒的年份不同，其味道和价格也会不一样。

第二，土壤（地）对葡萄有着很重要的作用。例如，葡萄不喜欢肥沃的土地而喜欢贫瘠的土地。一般能酿造出好葡萄酒的葡萄都是在地下

阳光充裕的葡萄园(纳帕谷BV酒庄)

美国加州月亮山葡萄园 (Moon Mountain Vineyard)。坡度大的葡萄园排水会更好，而且能照射到的阳光也会更充裕。

扎根深的葡萄树上生长的。葡萄不喜欢像水田一样泥土多的地。泥土多说明土里含有大量的水分，那么葡萄树根就没有必要往更深的地下扎根。相反，在排水较好的贫瘠地里生长的葡萄树会为了生存把树根扎到更深的地下。因为这种葡萄树会在地下深处吸收营养，所以能酿造出很有特色的葡萄酒。

最后是人的影响。气候和土壤对农活儿很重要是不可否认的事实，无论用多么先进的现代技术也不能防止气候和土壤所带来的影响。但是干农活儿时人的作用也很重要。因为是人在挑选葡萄喜欢的土壤、葡萄的品种和随气候而变的栽培法等。

好葡萄酒是味道均衡的葡萄酒。这种味道均衡其实就来源于人配合气候、土壤、葡萄树收获的好葡萄。当然，就像每个人做出来的饭菜味道都不一样，是谁酿造葡萄酒也会影响葡萄酒的质量。

世上没有差的葡萄酒，只有不符合自己口味的葡萄酒，没必要去谴责不符合自己口味的葡萄酒。所有的葡萄酒都是用天、地还有人的汗水创造出来的礼物。世上没有一模一样的葡萄酒，现在在你面前的一杯葡萄酒只为你等了几千年。这不就是风土的真正含义吗？希望你的酒杯每时每刻都是满满的。

多余的部分。农夫们会像照顾孩子一样真诚地看管葡萄树。在酿造葡萄酒时，这种真诚也会持续。葡萄酒虽然是很纯粹的自然界产物，但经过农夫们粗糙的手会变成一种艺术品。

199 什么是风土好的葡萄酒?

是指有身份的葡萄酒。法国葡萄酒就得像法国葡萄酒，智利葡萄酒就得像智利葡萄酒。随着科学技术的发展，葡萄酒的酿造技术也越来越机器化。但是不利用现代机器而是纯人工酿造有当地特色的葡萄酒才能算是风土好的葡萄酒，即天、地、人相结合的葡萄酒才是好葡萄酒。

世上有两种葡萄酒。“在哪里都能酿造的葡萄酒”和“好像在哪里酿造的葡萄酒”。与风土好的葡萄酒相对应的是后者。

2. 葡萄品种

200 葡萄有多少品种?

大约有8000多种。但只有10%左右的葡萄品种能酿造出葡萄酒，其余的只能生吃或者加工成食品（葡萄干、罐头、果汁等）。

Q201 酿造型葡萄指的是什么?

酿造型葡萄是指酿造葡萄酒所用的葡萄品种。一般，酿造型葡萄含有的糖分比食用葡萄多，而且葡萄粒小、籽大。酿造型葡萄大部分是欧亚种葡萄（Vitis Vinifera）。

Q202 用食用葡萄能酿造出葡萄酒吗?

酿造型葡萄比食用葡萄皮厚籽大。红葡萄的皮里含有花青素，葡萄籽里含有较多单宁和多酚。如果用含有这些成分相对较少的食用葡萄酿造葡萄酒，那么葡萄酒的颜色会很浅，单宁酸会很低，葡萄酒不能长时间熟成。

Q203 葡萄的结构以及成分是什么?

葡萄由果蒂、果皮、果肉还有籽等构成。主要成分如下：

	糖	酸	多酚
果蒂			22%
果肉	100%	100%	
果皮			13%
籽			65%

当然，葡萄成分里最多的是水分（85%以上）。此外还有有机酸、维生素、矿物质、氮化合物等各种成分。

204 **酿造葡萄酒的主要葡萄品种有哪些?**

红葡萄里有赤霞珠、梅乐、黑比诺、西拉、马耳培、佳美等。酿造白葡萄酒的品种有霞多丽、长相思、赛美容、雷司令、麝香等。

3. 酿造红葡萄酒的葡萄品种

205 **赤霞珠（Cabernet Sauvignon）**

赤霞珠又称“卡本内·苏维翁”。此葡萄品种皮厚籽大。红葡萄酒的浓淡与葡萄皮和葡萄籽相关。含有较多单宁酸的皮和籽长时间发酵后可以酿出浓郁的葡萄酒。因为赤霞珠的适应能力和生存能力较强，所以被称为“葡萄王”。虽然原产地是法国波尔多地区，但也能在其他地方随处可见。赤霞珠酒以强劲的单宁酸味而闻名。虽然赤霞珠单独也可以用来酿造葡萄酒，但一般会与梅乐搭配酿造。此品种葡萄酒一般适合晚上喝，且比较适合豪放的男士。波尔多梅多克地区的一级葡萄酒主要就是用赤霞珠品种与其他品种混合搭配酿造的。

206 **梅乐（Merlot）**

与赤霞珠一样是波尔多地区的代表性品种。梅乐与赤霞珠不同，它喜欢泥土较多的土壤，并且能

酿造出优雅细致的葡萄酒。一般与赤霞珠混合搭配酿造。梅乐属于早熟品种，所以收获时间会比赤霞珠早。与赤霞珠混合搭配酿造是因为两个品种截然相反的特征。两个品种的特征如下：

赤霞珠	葡萄品种	梅乐
↓	糖分	↑
↑	单宁	↓
↓	酒精	↑
慢	熟成	快
砂砾地	喜欢的土壤	泥土
慢熟品种（收获慢）	收获期	早熟品种（收获快）

（↑多　↓少）

如上图，两个品种的特征互补，因此将两个葡萄品种混合搭配酿造就能酿出美味的葡萄酒。因为梅乐的果香浓，未熟成时也能喝，所以梅乐的栽培面积逐年增加。用梅乐酿造的代表性葡萄酒里有柏翠堡（Château Petrus）和欧颂堡（Château Ausone）等。因为梅乐的糖分含量高，所以酿出来的酒精含量也会高，因此很适合喜欢喝高酒精度、果味浓葡萄酒的人。

207　黑比诺（Pinot Noir）

也叫“黑皮诺”。因为色彩好看所以很容易辨别。此品种有着既敏感又刻薄的性格特征。农夫们

要费尽心思才能栽培出好葡萄。一般酿造红葡萄酒的葡萄品种喜欢气温较高的地区，黑比诺却喜欢凉爽的地方。因为皮较薄，所以酿出的葡萄酒颜色浅，单宁酸低，但味道很甜。黑比诺是法国勃艮第地区的传统品种，如今勃艮第地区也还在用黑比诺酿造各种各样的葡萄酒。另外用黑比诺也能酿造香槟。人们对此品种的味道褒贬不一。喜欢像赤霞珠一样的浓郁葡萄酒的人喝此葡萄酒会觉得很“淡”；相反，喜欢喝此品种葡萄酒的人喜欢黑比诺细腻的口感。这种葡萄一般不与其他品种混合酿造，只单独酿造。虽然只是用一个品种的葡萄酿造，但是酿出的酒的味道并不单一，每个葡萄酒酿造师酿出来的味道都有各自的特点。例如包括很有名的罗曼尼-康帝（Romanée-Conti）在内的勃艮第酒以及美国俄勒冈州和新西兰等地产的黑比诺葡萄酒都有各自的特点。黑比诺葡萄酒可以推荐给坚定自信的人。

208 西拉/西拉子（Syrah/Shiraz）

西拉子的原产地是波斯，也就是现在的伊朗。虽在法国被称做“西拉”（Syrah），但在澳大利亚则被称为“西拉子”。西拉生命力非常顽强，可以抵挡霜降与严寒，在贫瘠的土地上也可以生根发芽，因此在很多地方都能种植。西拉酒的颜色很深，没喝几杯，牙齿便会着色，因此不宜在早晨饮用。西拉酒的特色在于新鲜的果香与薄荷味以及黑胡椒的香气，些许的酸涩与单宁酸的融合使其更加香醇。其强烈的味道对于重口味的人来说回味无穷。可以与喜欢高度数的烧酒或喜欢咸辣口味的朋友分享。

209 马耳培（Malbec）

马耳培也是欧洲的品种，曾在波尔多地区大量种植，现在在波尔多主要用于勾兑，但是在波尔多南部即法国西南部的卡欧（Cahors）地区仍然使用马耳培酿造优良的葡萄酒。马耳培因皮厚、色深，又被称作“黑葡萄酒”（black wine）。为了避免牙齿着色，不宜在早上饮用。马耳培富含多酚，有利于健康，且单宁酸的柔和与肉类的韩国料理相搭。

210 佳美（Gamay）

如果说葡萄酒里会有华丽的花朵绽放的馨香，那便是佳美。身为像白葡萄酒一样的红葡萄酒，佳美会营造出轻松愉悦的氛围。事实上佳美酒需要像白葡萄酒一样冰镇后饮用，冰镇饮用的薄酒莱新酒非常有名。佳美因皮薄色浅，不宜长时间贮藏，应该在新鲜时饮用。用佳美酿造的葡萄酒富含果香与花香，适宜搭配简易的美食。如果有人饮用佳美葡萄酒之后感到满足，那么他一定是个会享受葡萄酒细腻味道的人，一般多是拥有高深品酒经验的人。

4. 酿造白葡萄酒的葡萄品种

211 霞多丽（Chardonnay）

在有格调的地方可以点霞多丽酒，它被当作白葡萄酒的代名词。在世界范围内拥有超高人气的霞多丽，是种植最多的青葡萄。如果红葡萄酒象征男性，白葡萄酒象征女性，那么红葡萄酒王便是赤霞珠，白葡萄酒女王则是霞多丽。在木桶中酿造的霞多丽酒，有丰富的果香与香草味，余味不绝。法国夏布利（Chalis）地区酿造的葡萄酒 100％以霞多丽为原料。在香槟地区，霞多丽也以酿造“纯白香槟酒”（blanc de blancs，100％由白葡萄品种所酿的香槟）的高级酿酒葡萄而闻名。适合与鱼类、禽类以及猪肉一起品尝。

212 长相思（Sauvignon Blanc）

用此品种酿造的葡萄酒冰镇后适合在炎热的季节或轻松的聚会上饮用。如果说霞多丽适合商务场所，长相思便适合出现在社交场合。长相思酒一般在木桶里还未成熟之时就会被取出，因此带点灰色，并有很重的酸味和浓厚的柑橘类果香。法国卢瓦尔（Loire）地区的桑塞尔（Sancerre）以及普依－芙美（Pouilly-Fumé）等都是用此来酿造的。在卢瓦尔和美国加州地区被称为“Fumé Blanc”，并且以白葡萄酒的新兴强国新西兰的代表性葡萄品种而闻名于世。长相思适宜在夏季饮用。特别适合在交友时与简单的美食搭配。即使第一次接触葡萄酒的人也可以轻松享用此葡萄酒。

213 赛美容（Sémillon）

适合不喜欢刺激性酸味葡萄酒的人。赛美容是酿造世界上最昂贵的葡萄酒之一的伊甘庄园（Château d’Yquem）的葡萄品种。伊甘庄园位于法国波尔多的苏玳（Sauternes）地区，用赛美容酿造的葡萄酒很甜。赛美容葡萄皮薄，适合利用贵腐霉（noble rot）酿造出甜味葡萄酒。但因其甘甜有余、酸涩不足，常与长相思和麝香等混合。用赛美容酿造的甜葡萄酒搭配鹅肝或者甜点也是不错的选择。此外，用此品种酿造的干味葡萄酒也可与鱼类等简单的美食相搭。

214 雷司令（Riesling）

很适合第一次接触葡萄酒的人。用雷司令酿造出来的葡萄酒总有一种似曾相识的感觉。雷司令多种植于德国，但法国阿尔萨斯地区也酿造雷司令葡萄酒。在德国主要用来酿造甜酒，而在阿尔萨斯则用来酿造干味葡萄酒。

215 麝香（Muscadet）

适合中午在遮阳伞下用餐时饮用。用它酿造出来的葡萄酒，其甘甜与酸涩融合产生魅惑而丰富的果香，容易使人愉悦，并且度数较低。而用其酿造的低酒精度的起泡酒非常适合聚会。

它也是酿造韩国人常饮用的莫斯卡托·阿斯蒂（Moscato d'Asti）白葡萄酒的葡萄品种。

1. 酒标的内容

Q216 葡萄酒标签里有什么?

葡萄酒标签就像葡萄酒的身份证，包含年份、产区、葡萄品种、净含量以及酒精度等信息，偶尔也会有关于味道的信息（如干味酒或甜酒）。这些信息因各国的规定不同会存在一些差异。

Q217 为什么葡萄酒酒标读起来很麻烦?

因为所标示的语言并非是母语而是各国的语言。不过仔细看内容会发现与韩国烧酒上的标签并无太大的差异。

先看看烧酒的标签。首先，是不是可以看到巨大的商标（初饮初乐），然后在下面有用小字写出酒的种类（例如：聚餐用烧酒）。除此之外，还标记了公司地址、酒精度（19.5%）、净含量（360毫升）、添加物以及警告不要过量饮酒的句子。这是根据韩国法律标示的。葡萄酒酒标也与这差不多。只要知道常规的标记，读起来也并非很困难。请认真阅读，也可以参考一下在酒瓶后面用进口国语言写的标签。

	烧酒	葡萄酒
商标（名称）	初饮初乐	蔓欧酒庄
种类	稀释式烧酒	红葡萄酒
生产商	（株）头山	B&G
生产地	江陵市惠山东	梅多克
酒精度	19.5%	13%

218 酒标上标示的年份意味着什么?

这是葡萄的收成“年份”，并非是酿造葡萄酒的年份。由于葡萄酒是100%由葡萄酿造而成，所以葡萄的年份便是价格的主要参考因素。如酒标上标记2006年，那么便意味着是100%（不同国家在90%～100%范围内浮动）由2006年收成的葡萄酿造而成的葡萄酒。

219 有些葡萄酒没有标年份，是假葡萄酒吗?

未标示年份的葡萄酒是由于某个国家或产区无法满足收成年份的相关条例而没有标示。香槟便是如此。因为每个庄园追求的口味都不同，所以酿造香槟时会将不同年份的葡萄混合调制，所以大部分的香槟是无年份酒（non vintage）。

220 葡萄酒瓶后面用进口国语言写的标签是什么?

是背标（back label），如果说酒标上面的信息是根据酿造葡萄酒的国家法律规定而标示的，那么背标则是根据进口国的法律而标示的。当然，这是为了便于进口国的人们了解信息。对葡萄酒标签理解困难的时候，可以从背标中获得信息。

Q221 酒标上标示“家庭装”(不可在饭店或酒店贩卖)的葡萄酒与西餐厅的葡萄酒有什么区别?

其实是一样的，只是因为税务不一样而特别区分的。在商店买到的葡萄酒上印有“家庭装”的标示，而西餐厅提供的葡萄酒没有此标示。因为西餐厅提供印有“家庭装”的葡萄酒属于非法行为，就如同在饭店出售的烧酒和啤酒不可以在折扣店购买一样。韩国市场上流通的所有酒类，都有如同上面烧酒标签的“家庭装”的标示。

Q222 如果酒标上显示“含有二氧化硫”，可以饮用吗?

为了防止葡萄酒氧化而添加少量的二氧化硫(SO_2)，也有极少量是由葡萄酒发酵过程中产生的。每个国家规定的二氧化硫的含量都不同。韩国在进口葡萄酒的时候，会检查葡萄酒中二氧化硫的含量。虽然二氧化硫含量超标会有问题，但是葡萄酒中的二氧化硫含量并不会那么多，对身体也不会构成任何伤害。当然，对二氧化硫过敏的人除外。

Q223 如何方便地取下酒标?

有很多人想要收集酒标却不知从何下手，因为酒标不容易摘取。其实诀窍在于透明的贴膜。虽说有专门的 wine labeler，但是价格昂贵，所以还是去文具店买个透明的贴膜更好。请先将其剪裁成适当的大小(如图①)。然后将贴膜慢慢地、尽量不起泡地贴在清洗干净的葡萄酒瓶上，之后用坚硬的木头来回按压（如图②），再往酒瓶里灌入热水或用吹风机将酒标加热。如此一来贴酒标所用的胶便容易熔化。在取酒标之前，用刀将贴纸与酒标一同裁开（如图③），然后用双手抓住酒标用力撕扯（如图④⑤），最后按照撕下来的酒标大小剪掉多余的贴膜即可。

还有另一种方法是用除蚊喷雾喷洒在酒标上，过 10 分钟便可摘取。缺点在于除蚊喷雾的味道要过几天才会消失。

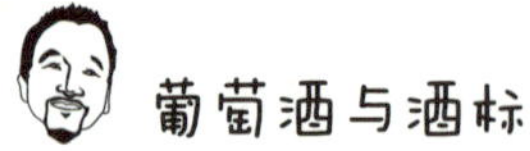

喝葡萄酒的另一种趣味就是收集葡萄酒标签。将记有自己所喝葡萄酒日期的酒标与记事本一起保存，不仅可以成为自己的葡萄酒日记，还是一本不错的回忆录。特别是对于想要成为品酒师或从事葡萄酒相关行业的人来说，是不可或缺的过程。当然，酒标上的诸多信息对于初学者来说比较难懂，但是读酒标其实跟看面相差不多。人们常说看面相就可以知道这个人的性格与经历，其实读懂酒标也是如此，当然这个过程会有点漫长。

在我刚开始接触葡萄酒的时候，通过前辈的介绍开始收集酒标。那时是个以收集的酒标数来判断葡萄酒知识的年代。当时最有人气的是木桐酒庄的酒标。因为一般的酒庄为了强调历史的悠久并不轻易更改酒标的样式。但是，木桐酒庄的酒标却年年不同，给收藏者带来了不少乐趣。木桐酒庄每年都会委托一些著名的画家如米罗、毕加索、夏加尔、约翰·休斯顿等设计酒标，因此，木桐酒庄的酒标极具收藏价值。木桐酒庄在 1855 年梅多克酒的评级中只排在二级，到了 1973 年才升到一级。这是梅多克列级名庄的评级做的唯一一次的改动，奠定了木桐酒庄高级葡萄酒的地位。

在我认真学习葡萄酒的时候（收集了 2000 张酒标），因为葡萄酒，身为侍者的我犯下了不可饶恕的失误。有一次，一位顾客在款待客户的时候，将一瓶 1993 年份的木桐酒庄的酒赠送给客户，并信誓旦旦地说是特地从美国买回来的。收到酒的客户便一直炫耀,不过我在看到酒的瞬间不禁脱口而出“是假酒……”（如果可以的话，我真想抹掉那段记忆）。然后，我将自己持有的 1993 年产的真酒的酒标递给他们观看。幸好品酒师前辈过来认真说明为何相同年份的酒标却不一样，并解释两瓶都是真酒。现在回想起来，还真是出了一身冷汗呢！

1993 年份木桐酒庄的酒标是由法国画家巴尔蒂斯（Balthus）创作的《裸女》，但美国 ATF（Bureau of Alcohol，Tobacco，Firearms and Explosives，美国烟草火器与爆炸物管理局）却因酒标上的裸女是未成年人的原因，下令更

换图片。但是木桐酒庄反驳说那是艺术，并将空白酒标的酒投入美国市场。因此，在美国贩卖的 1993 年份木桐酒庄的酒与其他国家的标签不同。据说也正因如此，收集木桐酒标的人越发多了起来。

所以，从那时起我便将“喜爱酒标，但是不要以此为基准”这句话作为座右铭，就像不能以貌取人一样。

不仅有给我留下深刻回忆的酒标，也有给我带来家庭新成员的葡萄酒。在做侍者的初期也分很多等级，我们是属于将食物从厨房拿到大厅的最低级的侍者，便有了第一次接受点餐的机会。当时，点餐的客人是来自日本的一对老夫妇以及已出嫁的两个女儿。因为是第一次接受点餐，并且服务对象还是外国人，所以有点紧张。点完餐，终于到了推荐葡萄酒的时刻。但是，当时的我对葡萄酒的了解还处于懵懂的状态，只好推荐了我喝过的觉得最好喝的加州 BV（Beaulieu Vineyard）白葡萄酒。还好，那对老夫妇对于我的推荐还算满意，并也给我倒了一杯，开始和我讲起了 BV 葡萄酒的故事。

1900 年 5 月，法国的一位叫乔治·德·拉·托尔（George de La Tour）的人与其夫人费尔南多（Fernande）来到加州纳帕谷（Napa Valley）最好的葡萄产区拉瑟福（Rutherford）打算购买 4 英亩的土地。据说，费尔南多看到那地方不禁喊了句“好美”，而乔治则为了自己的夫人将酒庄的名字取为“Beaulieu Vineyard”。在乔治去世后，费尔南多将两人酿造的最好的葡萄酒命名为“George de La Tour Private Reserve”。这酒不仅是加州第一款名酒，也是世界上最广为人知的葡萄酒，因其使用夫妻的名字命名而象征着家庭的美好。

逃跑的女人——多娜佳塔

每到炎热的夏天，便会想起几年前曾去过的意大利地中海的天气。

很喜欢只要躲到树荫下便可感受到凉爽的天气。在这种天气下，我们躲在树荫底下的咖啡厅享受着多娜佳塔（Donnafugata）。不过，与其说是享受多娜佳塔，还不如说是在欣赏酒标。

多娜佳塔庄园位于距离西西里岛最富饶的卡塔丽娜 100 千米的地方。据说，此地的城主迎娶的一位法国妻子，因忍受不了田园的孤寂而逃跑，因此庄园被命名为“逃跑的女人”。当然，多娜佳塔也可以译作“逃亡的女人”，相传是因为 19 世纪那不勒斯的国王费迪南多（Ferdinando）四世的妻子玛利亚·卡罗莱娜（Maria Carolina）为了躲避拿破仑军队而逃亡至西西里岛，而其逗留的地方便是今日的多娜佳塔庄园。

被誉为西西里岛最优秀的葡萄酒庄园的多娜佳塔是拥有 150 年以上历史的家族式酒庄。据记载，多娜佳塔的葡萄园从公元前 4 世纪开始就已存在。

此酒庄酿造的葡萄酒无一不让人联想起那位背井离乡的玛利亚的孤独与悠闲。

如果想在炎热的夏季梦想自由的旅行，那么请试试多娜佳塔。

224 如何保存酒标?

将取下的酒标保存在用相册或笔记本做的酒标集里。虽说酒标的顺序一般是按照摘取的顺序，但是为了更加有效率地学习葡萄酒知识，最好按产区划分，而对于重要的葡萄酒则可以用书签标出来。也可以在旁边注脚上标示饮用日期、地点、价格、搭配的食物等，如此便可以制作出属于自己的葡萄酒记事本。

2. 酒标上的各国术语

	法国	意大利	西班牙	德国
Red	Rouge	Rosso	Tinto	Rotwein
White	Blanc	Bianco	Blanco	Weisswein
Vintage	Millésime	Annata	Vendimia	Weinless
Dry	Sec	Secco	Seco	Trocken
Sweet	Doux，Moelleux，Liquoreux	Dolce	Dulce	Mild，Lieblich，Suss

3. 各国的葡萄酒等级

等级 / 国家	指定地区的优良葡萄酒 /QWPSR (Quality Wine Produced in a Specified Region)		餐酒 / Table Wine	
	在特定产地酿造的最高级葡萄酒	在特定产地酿造的高级葡萄酒	在特定产地酿造的地域性葡萄酒	没有特定产地的餐酒
法国 France	AOC (Appellation d'Origine Controlée)	VDQS (Vins Délimités de Qualité Supérieure)	Vin de Pays	Vin de Table
德国 Germany	QmP (Qualitatsweinmit Pradikat)	QbA (Qualitatswein Bestimmter Anbaugebiet)	Landwein	Deutscher Tafelwein
意大利 Italy	DOCG (Denominazione di Origine Controllata e Garantita)	DOC (Denominazione di Origine Controllata)	IGT (Indicazione Geografica Tipica)	VDT (Vino da Tavola)
西班牙 Spain	DOC (Denominacion de Origin Calificada)	DO (Denominacion de Origin)	Vino de la Tierra	Vino de Mesa
葡萄牙 Portugal	DOC (Denominacao de Origem Controlada)	IPR (Indicacao de Proveniencia Regulamentada)	Vinho Regional	Vinho de Mesa

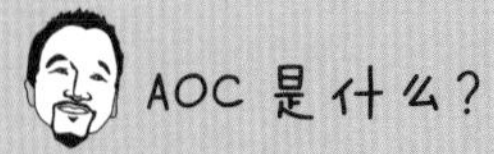

AOC是什么？

AOC在法文中是指“原产地命名控制”，其他国家也有相应的名称（参考第152页的各国等级分类）。简单来说，就是以特定地区的名字来命名该地区所产的葡萄酒。可以根据区域大小分类命名，比如在波尔多地区以“波尔多”命名，更小的则以“梅多克”或“波亚克”（Pauillac）等来标记。

当最近大家对于食品安全问题越来越关注的时候，各国对于食品的原产地命名越发严苛，也可以算是命名保护系统的一个重要环节。如今，在酿造葡萄酒的国家大部分遵守着这个规定，这不仅可以保护该地区人民的合法权益，更有助于保持该地区酿造的葡萄酒的独特口味。AOC不只是限定酒标，而是管理着整个葡萄酒行业。比如不仅规定着该地区宜种植的葡萄种类，甚至还规定了种植方法、酿造法等与葡萄酒相关的技术。此举有助于提高各地区的葡萄酒质量。也就是说，其目的在于保护该地区自古以来的地理特性、气候与土壤等要素以及该地区人民的劳动智慧酿造出来的葡萄酒所独有的特性。

从AOC中可以看出葡萄酒的品质与价格。比如说，比起波尔多，梅多克地区的葡萄酒更优秀；而比起梅多克，波亚克地区的葡萄酒品质更优秀，且价格更加昂贵。越是小的地区酿造出来的葡萄酒越具有别的地方所没有的独特口味。

通过这种系统，特定地区的葡萄酒便越来越优秀。这与单一学科更能培养人才也有异曲同工之处吧？

4. 各国葡萄酒标签

225 法国波尔多酒标

1. PRODUCT OF FRANCE：原产地是法国

2. GRAND CRU CLASSÉ EN 1855：1855 年被评为列级酒庄。这等级属于梅多克地区的等级，当时有 61 种香槟被授予此等级，分为 1 ～ 5 级。此葡萄酒属于第 2 级

3. CHÂTEAU BRANE CANTENAC：是葡萄酒名字，也是酒庄名字。法国波尔多地区产的葡萄酒多采用这种形式

4. MARGAUX：生产地，波尔多的玛歌村

5. 2000：年份。是指用 2000 年收获的葡萄所酿，是购买高级葡萄酒时很重要的信息

6. APPELLATION MARGAUX CONTROLÉE：是地区控制名称，能证明符合玛歌地区的要求。用 AOC 或 AC 标示，是 Appellation d'Origine Controlée 的缩写，会在 d'Origine 这个位置填写地域名（Margaux）。AOC 是法国葡萄酒里的最高级别

7. 13%：葡萄酒的酒精度

8. 750ml：葡萄酒的容量。也会用 cl（centilier）表示

9. MIS EN BOUTEILLE AU CHATEAU：是指在前面所标的酒庄灌装。实际上所有的酿造过程全由此酒庄管理并且确保质量安全

226 法国勃艮第酒标

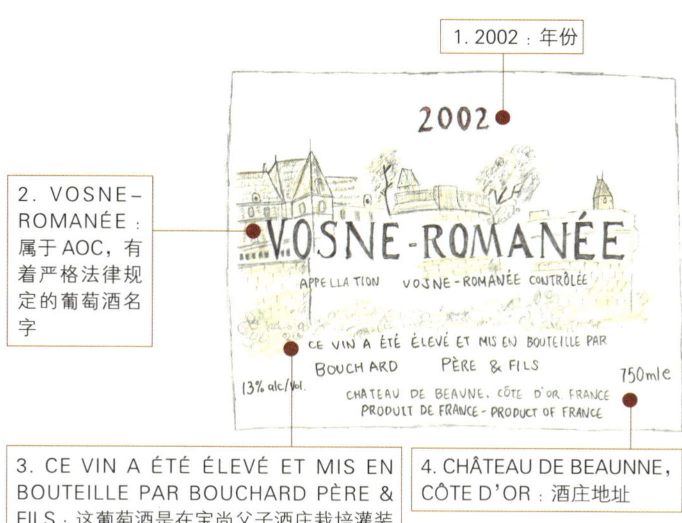

227 意大利酒标

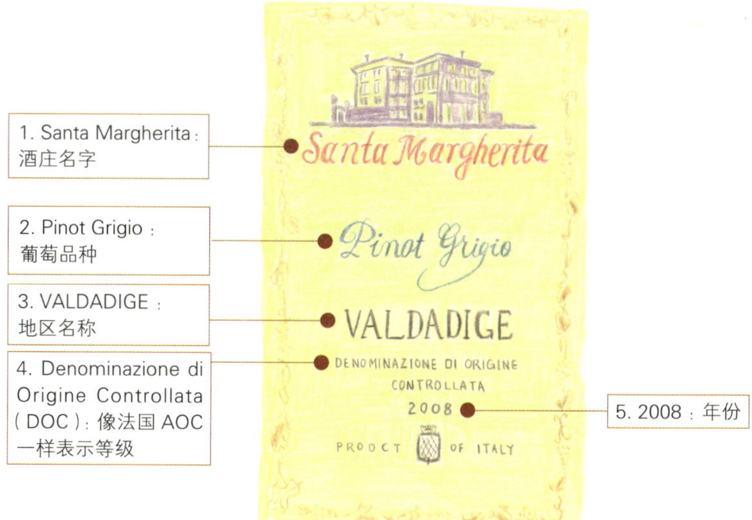

228 美国酒标

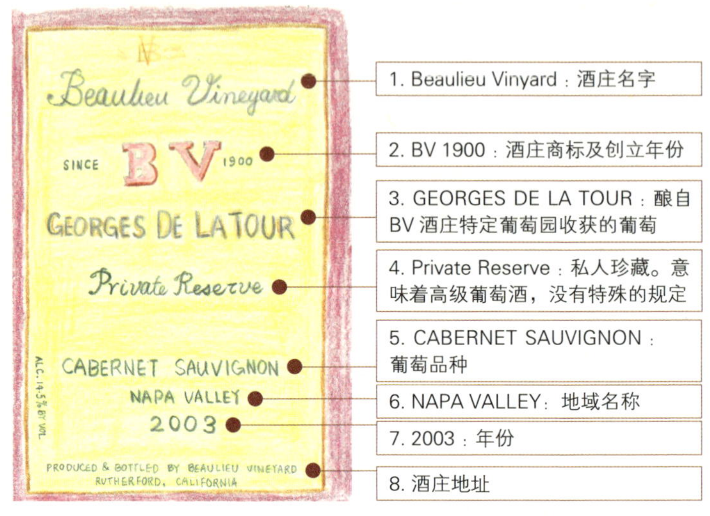

229 澳大利亚酒标

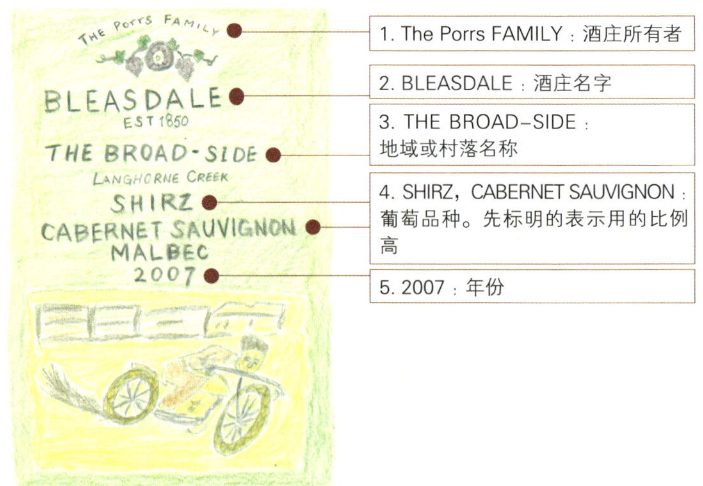

1. 葡萄酒杯的种类

230 葡萄酒杯为什么有那么多种?

烧酒杯、啤酒杯、清酒杯、威士忌酒杯每种都只有一个，但是葡萄酒杯却有很多种。这是因为葡萄酒类似于食物，例如装食物的碗也分饭碗、汤碗一样，食物是需要色香味俱全的。

葡萄酒也是如此。当然，用不同的酒杯来盛装不同的葡萄酒，不仅是为了凸显视觉感，也是为了极大地丰富嗅觉与味觉。如下图所示，香槟酒杯的杯身宛如郁金香般颀长，以便更好地享受气泡；白葡萄酒的酒杯较小，是为了尽量减小温度的影响；红葡萄酒的酒杯则较宽，可以充分享受葡萄酒的香醇。〔为了更好地观察气泡，香槟酒杯的杯身被设计成如郁金香般颀长，因此在法国被称为“Flute”（长笛）。而白葡萄酒因为即倒即饮，所以将杯肚设计成鸡蛋型，杯身则笔直便于饮用。相反，红葡萄酒杯则将杯身设计得较宽，以便更好地享受葡萄酒的香醇。〕

香槟杯　白葡萄酒杯　勃艮第红酒杯　波尔多红酒杯

Q231 不能用烧酒杯或啤酒杯来饮用葡萄酒吗？

与如果没有饭碗可以临时用汤碗盛饭一样，葡萄酒也是可以用别的杯子来喝的。不过如果用烧酒杯来饮用葡萄酒，那么不能充分发挥葡萄酒的香醇。另外还将会导致葡萄酒用舌头后方感受，而不是舌尖，葡萄酒自身的香醇会因此变得寡淡且无味。

Q232 为何用纸杯喝葡萄酒会无法感受到葡萄酒的香气？

并非是因为纸杯里的某些成分让葡萄酒变质，而是因为纸杯的味道盖过了葡萄酒味，并且纸杯较小，无法让葡萄酒的香气全部释放出来。

Q233 哪种葡萄酒杯比较好？

杯口向内弯曲、透明，杯身较厚且杯柄较长的葡萄酒酒杯比较好。

杯身透明，才可以观察到葡萄酒的颜色；厚的杯身则可以使葡萄酒尽量与空气隔绝；杯口向内弯曲，可以使葡萄酒香汇聚在一起。

杯口的大小也同样重要。杯口小会使葡萄酒香气细腻，杯口大则会使葡萄酒香气浑浊。杯柄的长度则是为了不让手碰触到杯壁，以免让手温影响到葡萄酒的味道。

Q234 葡萄酒杯有哪几种？

大致可分为白葡萄酒杯、红葡萄酒杯、香槟杯以及甜酒杯。红葡萄酒杯相对于白葡萄酒杯而言杯口与杯肚都较厚，因此适合闻酒香。白葡萄酒杯则比红葡萄酒杯略小，更适合畅饮。香槟杯较少受到温度的影响，杯型细长，容易观察到气泡。而甜酒杯的杯口与杯肚都较小，适宜用舌尖感受到酒的香甜。

Q235 要在杯里倒多少葡萄酒？

因酒杯的种类与大小不同而不同，但为了充分感受到葡萄酒香，基本不要超过一半。饮用精品的时候，最好不要超过 150 毫升。

这其实和东方人的性格不谋而合。外表虽是西式，却有种东方的含蓄与内敛。

Q236 香槟等起泡酒也只能倒一半吗?

如前面所说，葡萄酒与起泡酒的区别在于是否含有碳酸。如果将起泡酒倒在宽口的酒杯里，会使气泡一瞬间跑光，不仅口味变差，还会丧失属于起泡酒的灵动。所以为了防止这类情况发生，最好使用细长的酒杯，并且倒 70%左右。

Q237 试饮杯是什么?

像甜酒杯一样杯口杯肚较小且不分葡萄酒的种类，是品酒师专门用来试饮的酒杯。因为比一般酒杯小，且杯口较小，可以充分感受到葡萄酒香，是任何种类的葡萄酒都可以使用的酒杯。

2. 葡萄酒杯的保管

Q238 如何清洗葡萄酒杯?

因为葡萄酒杯不同于别的杯子，杯壁较薄且宽大，易破损，所以清洗葡萄酒杯时尽可能使用专用的洗涤工具。手洗的时候，尽量不要使用洗涤剂，用柔软的海绵或布来擦拭，倒置除去水后，一手持杯口，一手握住杯肚，再重新用干抹布擦掉水渍。请注意不要同时握住杯口与杯柄，以免杯柄折损。

Q239 如何保管葡萄酒杯？

虽说一般为了防止灰尘，将酒杯倒置保管，但是这样却容易使其发霉发臭。而且像香槟杯一样脚重头轻的酒杯，倒置容易摔碎。所以，最好的方法是将酒杯正着放置在没有灰尘的地方。

Q240 如何搬运葡萄酒杯？

装运杯碟的时候，通常使用托盘，但是因为葡萄酒杯有别于啤酒杯或者威士忌杯，其重心处在中间，用托盘搬运容易倾倒，因此用手拿最安全。搬运空葡萄酒杯的时候，将杯柄塞进手指缝间，可以轻松地搬运。当然，搬运之前要注意手部的清洁。

Part 4
葡萄酒与文化

我喜欢“文化”这个词，因为文化与葡萄酒非常相似。世界上不存在不好的文化。文化本身就应该受到尊重，而且它也值得被尊重。有时美味的葡萄酒也有可能会不合他人的口味，但不能因此就断定是低劣的葡萄酒。它只是不合自己的口味罢了，不能因此而否定它。这就和承认文化差异一样。

世界各地都有其自己的文化。文化经过漫长的岁月以后就像呼吸一样，和我们的生活息息相关。泡菜对韩国人来说再熟悉不过了，但是对于初次接触它的外国人来说却是非常陌生的。同样，认为葡萄酒非常陌生是因为葡萄酒中蕴含着我们从未接触过的文化。但是，就像泡菜逐渐变得合外国人口味一样，葡萄酒也渐渐地扎根在我们的意识中。文化是绝对不能通过死记硬背来学习的。因为文化存在于我们的日常生活中，必须真心相待才能与其亲密接触。当然，这需要一定的时间，就像经过长时间熟成逐渐使人感到舒服的葡萄酒一样。

很多人认为品尝葡萄酒是一门学问，且应该认真学习。当然，这的确是更快地认识葡萄酒的方法之一。但也有些人因为这样而备感压力，所以说这并不是一种好方法。有的人在试饮葡萄酒时背诵葡萄酒专家的试饮笔记，仿佛是在说自己的想法一样。但因为那不是自己的真实感受，便会对自己说过的话备感压力。

南极的冰山之所以能漂游数千千米，不只是因为浮出水面那10%的冰块，而是得益于水面下那看不到的90%的冰块。葡萄酒如同冰山的10%一样，不仅仅是为了解渴而饮用的饮料，也不仅仅是为了摄取其营养成分的饮料。如果是因为健康，有许多比葡萄酒更好的饮料。饮用葡萄酒更不是为了在其他人面前耍帅。

在这一章里将介绍在商务用餐场合或多种意图的聚会中预订葡萄酒的具体方法，以及在选择葡萄酒时能够用到的一些实用性信息。但是，这些信息不是为了在他人面前炫耀自己的葡萄酒知识，而是为了能与随同的人分享葡萄酒文化，为了熟知葡萄酒能够带给我们的90%的内容。但是能否将葡萄酒塑造成具有100%的价值，还取决于各位读者。

一、看懂葡萄酒单

1. 葡萄酒单的构成

Q241 葡萄酒单是由什么构成的?

葡萄酒单因西餐厅而异。一般都标注有葡萄酒的种类、名称以及价格等，让顾客一目了然。

	Champagne		
1	G.H.Mumm Cordon Rouge Brut NV (374ml)	France	70
4	Pomery Brut NV	France	130
7	Bollinger Brut NV	France	175
10	Dom Pérignon Brut 1999	France	300

	White		
205	Chablis 2003, Domaine Jean-Paul Droin	France	80
210	Meursault 2003, Domaine François Mikulski	France	125
401	BV Century Cellar Chardonnay 2005, Beaulieu Vineyards	USA	40
403	Sterling Vintner's Collection Chardonnay 2005	USA	60
506	Langhorne Crossing Chardonnay 2005, Bleasdale Vineyards	Australia	35

	Red		
251	Bourgogne "La Gibryotte" 2005, Famille Claude Dugat	France	85
253	Château Magnol 2006	France	120
254	Château de Nuits Village 2004, Domaine Jayer Gille	France	135
256	Château Dauzac 2005, André Lurton	France	155
258	Château Pontet Canet 2001	France	180
260	Château Pichon-Longueville Baron 1999	France	230
261	Château Lynch-Bages 2004	France	250
265	Château Montrose 2004	France	260
270	Château Mouton-Rothschild 2004	France	1100
275	Château Margaux 2004	France	1130
452	Sterling Vintner's Collection Merlot 2003	USA	60
463	BV Napa Valley Cab. Sauvignon 2003, Beaulieu Vineyards	USA	89
460	Barnett Merlot 2004	USA	95
751	Terra Andina Reserva Cab Sauvignon 2005	Chile	35
759	Montes Alpha Cab. Sauvignon Magnum 2005, Viña Montes(1.5L)	Chile	125

Q242 酒单里最前面的号码意味着什么?

通常称它为“贮藏箱号码”(bin number),是侍酒师所在的西餐厅固有的葡萄酒编号。在预订葡萄酒时可以利用这个贮藏箱号码。编号大致是经过侍酒师裁量后被分门别类的。一般白葡萄酒的编号为 1～30,红葡萄酒的编号为 31～99,法国葡萄酒为 200～299,美国葡萄酒则为 400～499。例如,220 号是法国白葡萄酒,480 号则为美国红葡萄酒。因此,只要看到这一编号就能大概知道该酒是白葡萄酒还是红葡萄酒,而且也能知道该酒的风格。

Q243 酒单上记载的年度意味着什么?

记载的年度就是葡萄酒的年份。不同的西餐厅,有的不会标示年份,也有的会为了修正这一部分而贴上贴纸。在预订葡萄酒时,如果端上来的酒与自己所点的酒的年份不同,可以提出更换要求。

2. 葡萄酒的分类及价格

Q244 如何念葡萄酒的名字?

一般以法国为代表的欧洲葡萄酒用地域名[比如夏布利(Chablis)、夜丘(Côte de Nuits)]和品牌名称[比如蔓欧酒庄(Château Magnol)、玛歌庄园(Château Margaux)]来标示葡萄酒名称。相反,以美国为代表的"新世界"葡萄酒则着重标示葡萄品种和酒庄等信息。在这种情况下,念出葡萄品种和酒庄名称(比如纳帕谷赤霞珠红葡萄酒)为宜。

Q245 西餐厅如何定葡萄酒价格?

每个西餐厅的价格都不同,大部分是在葡萄酒供应商的供货价格基础上增收百分之几的利润。但是不同的产品增收的利润也会不同。偶尔也选择对一些著名产品实行低价政策的"诱饵产品",所以应该仔细阅读酒单。一般价格是按从低价到高价的顺序排列的，但也存在由高价到低价排列的西餐厅。

Q246 如何知道最具竞争力的价位?

具有竞争力的葡萄酒是指性价比高的葡萄酒，简单来说就是既便宜又好喝的葡萄酒。价位会因西餐厅制定的价格不同而存在一定的差异，这一点可以从酒单里观察特价部分以哪些种类的葡萄酒居多来了解。例如，与其他价位相比，9 万～ 9.9 万韩元（约合人民币 500 ～ 540 元）这一价位之间的葡萄酒多则意味着在该西餐厅这类葡萄酒具有竞争力。通常，具有竞争力的葡萄酒一般在所有价位中处于中间位置。

Q247 葡萄酒单的顺序是怎样的?

最近经常可以看到能体现品酒师个性与各种风格的葡萄酒单。最传统、最普遍的葡萄酒单的顺序由种类（起泡酒、不起泡葡萄酒等）、色泽（白、红、桃红等）、国家（法国、美国等）、价位（从低价到高价或相反）等构成。所以最前面是以香槟为代表的起泡酒，其次是各国的白葡萄酒，最后是各国的红葡萄酒。它们都按价格进行分类。这种酒单就如同选择菜品的顺序一样，方便顾客以起泡酒、白葡萄酒、红葡萄酒的顺序选择葡萄酒。

此外还有以葡萄品种、口味（干、甜等）、年份、特定机构的评分等分类的葡萄酒单。

按照葡萄品种分类的酒单能够帮助顾客更快地选择葡萄酒，而且被视为比较时尚的方法。这种酒单的优点在于其构成不是以国家为主，而是以葡萄品种为主，便于新手们预订葡萄酒。

248 酒单中的 RP、WS 等缩写意味着什么？

这是试饮葡萄酒后进行评价的特定人或机构的缩写。最近经常能见到以这些资料为基准购买葡萄酒的人。这种评分不能成为绝对的标准。具有代表性的如下：

标识	负责人（机构）	最高分	相关网站
RP	Robert Parker Jr	100	www.erobertparker.com
WS	Wine Spectator	100	www.winespectator.com
JR	Jancis Robinson	20	www.jancisrobinson.com
HJ	Hugh Johnson	★★★	Hughjohnsonsblog.blogspot.com
D	Decant	★★★★★	www.decanter.com
KWC	Korea Wine Challenge	100	www.koreawinechallenge.com

249 店酒（house wine）是什么种类的葡萄酒？

店酒的原意是指西餐厅直接酿造的（或专为该西餐厅酿造的）葡萄酒，这种葡萄酒一般会盛在杯子里提供。因此，在韩国被盛放在杯子里提供的葡萄酒被称为“店酒”。但是正确的叫法应该是“杯装酒”（glass wine）。这种酒会在葡萄酒单的前面或上方另做标记，但也有许多西餐厅不做标记。因为大部分西餐厅会选择性价较高而且品质较好的葡萄酒作为杯装酒，所以预订后失望的概率会很低。

Q250 “促销葡萄酒”指的是什么？

西餐厅一般都会有“品酒师推荐的葡萄酒”、“本月的葡萄酒”等特定主题且在酒单中标示出来的葡萄酒，这就是所谓的“促销葡萄酒”。这种葡萄酒性价比高而且品质好，根据营业场所的不同还能享受各种优惠，因此值得我们去选择。但是，强力推荐的葡萄酒与其说是为顾客着想，不如说是因为西餐厅的内部情况而推荐的，所以需慎重选择。

Q251 西餐厅里还有葡萄酒单中未列出来的葡萄酒吗？

高级的西餐厅经常对酒单中未列出的葡萄酒另做管理。不同的西餐厅还备有与众不同的葡萄酒单向有意愿的顾客推荐。这种酒单通常都包含着普通高价葡萄酒或年份较悠久的、存货量少的、商标或酒帽有瑕疵的葡萄酒。这些葡萄酒经过侍酒师的裁量能以更低的价格被售出。如果不喜欢酒单里列出来的葡萄酒，不妨向侍酒师要求提供这些葡萄酒吧。

二、聚会时享受葡萄酒

1. 在餐厅点葡萄酒的技巧

Q252 在聚会时由谁点葡萄酒?

当然是由主办者来点葡萄酒。主办者可以根据聚会的性质和菜单以及来宾们的口味选定葡萄酒。如果有机会，还可以向各位来宾简单介绍该葡萄酒。葡萄酒的选定只限于瓶装葡萄酒，餐前酒等杯装酒可根据来宾的口味逐个来点。

Q253 谁是主办者?

“主办者”是指主人或主办人。主办者除了要主办聚会或派对并招待好客人以外，还要选定菜单和葡萄酒。当然，主办者最重要的角色就是承担活

葡萄酒不能一口干吗?

很久以前，我在韩国的朝鲜宾馆法式西餐厅上班。因为是高级西餐厅，所以有许多商务顾客，葡萄酒价格也是比较高的。

有一次，韩国的大企业和法国的企业在这里预约了商务晚宴。主办人是韩国的大企业，其目的是为了庆祝交易成功。由于合同的规模与重要性被媒体广泛报道，以至于即便像我这样对经济一窍不通的人也知道了参加宴会的来宾们的名字。

我们西餐厅的厨房和大厅职员从几天前就开始为此次宴会精心准备。用的食物是最上等的，而且顾及到招待的是法国客人，还特意准备了法国最高级的特等葡萄园级葡萄酒。当然，也准备了香槟。

西餐厅在准备就绪后等待各位顾客的光临。客人们慢慢进入已准备好的宴会厅。两侧各有 10 位来宾，两家公司的 CEO 在一张长方形餐桌的中央面对面就座。尽管还没开始用餐，但气氛非常好，以至于让人们忘记了两家公司签约的重要性。入座以后，准备了香槟作为餐前酒庆祝。当天准备的香槟是被称为香槟代名词的唐・培里侬（Dom Pérignon）。只要喝上一杯此香槟，肯定能将宴会的气氛调动起来。4 名侍者开始提供服务。首先，作为宴会主办方的韩国人 CEO 试饮了香槟。得到认可后，我们向所有来宾递上了香槟。当杯子倒满后，所有人开始等待主办者举杯。主办者举杯时所有人都从座位上站了起来。韩国人在有人举杯时都会站起来并高举酒杯，因为这样的动作能够调动派对的气氛。但是，西方人很少会站起来干杯。尽管如此，当天法国人也都爽快地站起来共同干杯，直到这时氛围还是十分不错的。

所有人都互相碰杯并饮用了各自的香槟。可是这一瞬间，气氛突然变得很尴尬。不知所措的那一方是法国人。因为法国人抿了一口香槟后便把酒杯放了下来。但是看到韩国人将香槟一口干完,他们感到非常惊讶。而韩国人“一口干”之后比法国人更惊讶,他们被法国人惊讶的样子惊呆了。

在韩国的酒文化中，第一杯要一口干已经成为了一种惯例。第一杯干完后,酒桌的气氛就会变得非常好。对于韩国人来说,“一口干”包含着“欢迎您”、“见到您很高兴”、“我们以后好好相处吧”或“从现在开始享受一下吧”等好意。而且韩国人在对方的酒杯完全空了以后才会给对方倒满酒。韩国企业的代表们是出于遵守韩国风俗并表达高兴与感激之情才一口干完的。

但是，在以欧洲为代表的西方国家，“一口干”的含义与我们有所不同。在西方国家的派对中，从来不会让酒杯空着。当然，也不会一口干完一杯酒。只有在派对结束时才会使酒杯空着。使酒杯空着具有“感谢您的盛情款待”、“到离开的时间了”等告别的含义。在外国电影中经常能看到在派对过程中不想再与不喜欢的人一起待下去的时候会将杯中的酒一口干完，这意味着“我以后不想再和你来往了”。手持空酒杯就意味着“我没有心情再喝酒了”或“我对派对不感兴趣了”。因此，在与西方人喝酒时要注意不要使酒杯空着，要持续添酒。

法国人看到韩国人“一口干”,以为要将刚开始的派对结束,必然会感到惊讶。而韩国人认为法国人无视其盛情款待并感到震惊。

不能将葡萄酒一口干完的另一个原因是如此便不能很好地享受葡萄酒的味道。然而，享受葡萄酒的方法因人而异，这种个人文化必须要受到尊重。每个人喝葡萄酒的原因不同，所以也会用不同的方法去享受它。这就好似所有人都以不同的方式生活一样。

尽管如此,还是要避免因不理解微小的文化差异而产生误会,这就是“全球化礼仪”。

动的费用。

254 请来宾点葡萄酒是一种失礼的表现吗?

如果来宾愿意就可以这么做。但是不要忘了，葡萄酒试饮和选择葡萄酒是主办者固有的权利。这就意味着，出席派对的人们会认为点葡萄酒并试饮的那个人就是主办者。例如，尽管是主办者支付了费用，但来宾们会认为是点葡萄酒并试饮的人支付了费用。如果万不得已拜托他人点葡萄酒，一定要在来宾们面前公开求得谅解并指定替代人。这时还要告知适合购买的价格标准，尽到主办者应尽的责任。

255 主办者和来宾都不了解葡萄酒时要向谁寻求帮助?

在这种情况下千万不要慌张，可以向西餐厅侍酒师寻求帮助。就算将这项任务全权交给侍酒师，最好也要告知其理想的价位（预算）。

256 应该何时点葡萄酒?

虽然这因情况而异，但至少在饮用 20 分钟前点为好。因为有些葡萄酒需要很长的时间来准备。香槟或白葡萄酒需要在冰凉的状态下饮用，冷却至少需要 20 分钟。而且，有的葡萄酒是要开瓶后再过一段时间后饮用为好，时间因葡萄酒而异。无论如何，慌慌张张地点酒会得不到优质的服务。一次性点当天要饮用的葡萄酒固然不错，但在不了解客人的喜好时，不妨慢慢掌握客人的喜好逐一来点。但是要记住，为了不使提供服务的人匆忙准备，最好给他留出 20 分钟左右的准备时间。

Q257 先选美食还是先选葡萄酒？

葡萄酒能使美食的味道更加突出。因此，选择能使美食的味道更加突出的葡萄酒非常重要。在西餐厅这类美食种类繁多的地方应先选定食物，再选择能与之匹配的葡萄酒；而在酒吧这样的地方则以先选择葡萄酒为宜。在葡萄酒和美食之间以哪一个为主会因为聚会的性质而有所差异。

Q258 点不同种类的葡萄酒时先选什么较好？

选择葡萄酒的顺序与选择美食的顺序相同。在西餐厅吃饭的顺序是“头盘—汤—副菜—主菜—甜点”，如果按照这种顺序点餐就需要很长的时间。因此，首先选择主菜，然后选择与主菜风格不同的美食即可。例如，将牛排作为主菜，按顺序将生鲜类作为头盘，配上蔬菜汤，将意大利面作为副菜，就可以享受多种多样的美食了。葡萄酒也如此，先选择主葡萄酒，再选择喝主葡萄酒之前的葡萄酒，最好是口感新鲜的，主葡萄酒则要选择口感更加香甜的为宜。

259 每种葡萄酒应与何种美食搭配？

以下面的西式晚餐为例，分别观察不同套餐的葡萄酒搭配情况。根据美食的不同，白葡萄酒和红葡萄酒的种类可以增加。

起泡酒	餐前开胃薄饼
白葡萄酒	头盘、汤、生鲜
红葡萄酒	主菜（牛排、家禽类）
餐后葡萄酒	甜点

260 点杯装葡萄酒是一种失礼的表现吗？

有些人认为杯装葡萄酒是便宜货，但事实却不然。通常，性价比高且品质优良的葡萄酒会被选定为杯装葡萄酒，而且与西餐厅的料理十分匹配。想轻松饮用的时候点杯装酒是一种不错的选择。

261 要何时点杯装葡萄酒？

当你觉得点一瓶葡萄酒有负担或者想尝试一下不同风格（白、红）的葡萄酒时可以点杯装葡萄酒。同行的人点了不同风格的美食，而且仅以一种葡萄酒难以与美食搭配时也可以点杯装葡萄酒。杯装葡萄酒还有一个优点，那就是价格比较合理。

262 点杯装葡萄酒时要注意哪些事项？

因为杯装葡萄酒是事先被开启的酒，因此要确认葡萄酒是否已氧化。点单时最好试饮或选择刚开启不久的葡萄酒（2 天以内）。但是，如果已有开启的葡萄酒，但还要求提供新酒那便是无理的要求了。

Q263 不想再饮用葡萄酒时该怎么办?

可以告诉侍酒师自己想要的量，也可以在倒葡萄酒时将右手轻轻地放在酒杯周围并稍微向上抬起，表示不想再饮用了。

2. 点葡萄酒的经济学

264 应该点什么价位的葡萄酒?

这完全取决于主办者。要考虑的是主办者的经济能力和客人的心情。价格过于低廉或昂贵的葡萄酒会给客人带来不快或负担。

如果要喝一瓶左右的葡萄酒，选择与西餐厅套餐价格相当的葡萄酒即可。但如果要喝好几瓶，那么主葡萄酒可以选择贵一点的，其他的可以选择价格比较低廉的葡萄酒。这样就可以使主葡萄酒相对突出，得到更好的效果。

265 应该点多少葡萄酒?

聚会所需要的葡萄酒的量与参加聚会的人数和用餐时间的长短、氛围、葡萄酒的种类以及酒量相关。以晚餐时间为准，男性约饮用 2.5 杯，女性约饮用 1.5 杯。就像之前说明的那样，一瓶红葡萄酒或白葡萄酒（以 750 毫升为标准）能倒出 5 杯酒，以西餐厅酒杯为准（150 毫升 ×5），香槟为 6 杯。因此，利用公式“人数 ×2.5 杯（男性）÷5”或“人数 ×1.5 杯（女性）÷5”即可算出。即 4 名男性共进晚餐时需要 2 瓶左右的葡萄酒（4×2.5÷5 ＝ 2）。

266 应该点多少种葡萄酒?

这完全取决于派对的性质和氛围、美食、预算等。通常在午餐时点 1 种葡萄酒就足够了，但在晚餐时最好点 2 种以上的葡萄酒。如果是时间较长的正餐，则需要 4 种以上的葡萄酒。根据用餐时间的长短去点葡萄酒的种类和顺序大致如下：

选择 1 种时　红葡萄酒

选择 2 种时　白葡萄酒—红葡萄酒

选择 3 种时　白葡萄酒—红葡萄酒—餐后酒

选择 4 种时　起泡酒—白葡萄酒—红葡萄酒—餐后酒

选择 5 种时　起泡酒—白葡萄酒—红葡萄酒 1—红葡萄酒 2—餐后酒

267 人数多时葡萄酒需要一起点吗?

中、大型（10 人以上）派对最好事先一起点。如果没有事先点好往往会因为慌慌张张点而遇到库存不足的尴尬局面。如果事先能准备好，葡萄酒可以在更好的条件（换瓶或调节温度等）下提供给客人。但是，如果人数不多且每种葡萄酒只需要一两瓶，那么当时再点也无妨。

268 一定要饮用起泡酒和白葡萄酒吗?

不是。在韩国有许多人不喜欢味道偏酸的白葡萄酒。但是，要长时间食用各种风格的料理时，饮用香槟或白葡萄酒是一种不错的选择。

其原因有以下三点：

第一，要与不同风格的美食相匹配。美食在与好葡萄酒相配时才能突显出它的价值。在食用多种美食时，当然要与各种不同的葡萄酒相匹配，味道才会更搭。

第二，要营造气氛。一开始就饮用红葡萄酒，心情会比较平静，因此需要一定的时间才能调动起气氛。白葡萄酒与红葡萄酒相比，能更快地把气氛调动起来。当然，比白葡萄酒更有效果的就是香槟了。因此，在派对中为了调动气氛经常会选用香槟。

第三，出于商务层面的需要。如果饮用了 4 种红葡萄酒，那么受到款待的人会将此记为“喝了红葡萄酒”而不是“喝了 4 种红葡萄酒”。支付了昂贵的费用也不会得到充分的效果。然而，如果饮用 4 种不同种类的葡萄酒，就会加大对方受款待的感觉（喝了香槟、白葡萄酒、红葡萄酒以及餐后酒）。

Q269 点葡萄酒时在客人面前说出价格是一种失礼的表现吗？

点葡萄酒时提及价格，如“我要 10 万韩元（约合人民币 550 元）的葡萄酒”，多多少少是敏感的问题。若是好朋友则没什么关系，但在商务用餐等重要的场合中则会成为一种失礼的表现，因为客人会认为自己的价值与葡萄酒的价格相关。因此，最好不要提及金钱，否则一不小心就会给对方留下不好的印象。

270 请侍酒师推荐葡萄酒时，怎么让他发现自己理想价位的葡萄酒？

在选择葡萄酒时，对顾客或侍酒师来说最重要的就是价格。偶尔，因双方所想的价格差异会发生不愉快的事情。因此，最好先谈好价格。但是，要让对面的客人没有察觉并使侍酒师知道自己理想的价位需要一定的智慧。最可靠的方法就是比客人先到餐厅，并事先告知侍酒师。如果没有时间，可以利用葡萄酒单。不妨事先与侍酒师一同查阅葡萄酒单，并进行咨询。

例如，想点 9 万韩元（约合人民币 500 元）左右的葡萄酒时，不要直接说出价格，而是以“BV 纳帕谷葡萄酒如何”这种形式婉转地表达，大部分侍酒师就能察觉到你的理想价位。

271 葡萄酒的价格可以讨价还价吗？

这不是什么好方法。如果预算上出现了问题，那么按照预算选择与之相配的葡萄酒才是明智之举。有的西餐厅偶尔会向常客打折销售高价的葡萄酒或标签受损的葡萄酒，因此与侍酒师友好相处也很重要。

1. 自带葡萄酒的基本常识

Q272 将家中的葡萄酒带到西餐厅喝是一种失礼的表现吗？

对于被招待的客人，这是能够饮用精心准备的葡萄酒的好机会，因此不属于失礼的表现。将自己的葡萄酒带到西餐厅并享受服务的行为叫“自带”。但这对于西餐厅经营者来说却是一种困惑，就好像是将便当带到西餐厅食用一样。因此，将葡萄酒带到西餐厅之前，最好先征得西餐厅经营者的同意。因为，根据西餐厅政策的不同，可能会允许自带，也有可能不允许自带。

273 如何知道餐厅是否允许自带酒?

最可靠的方法就是亲自打电话询问。有时，在西餐厅菜单或入口处有“BYOB”的标识，这是“bring your own bottle”的缩写，即允许自带葡萄酒。但根据西餐厅政策的不同，还会指定允许“BYOB”的日期。例如，每周星期一或星期日允许自带葡萄酒，其余的日子只能在该西餐厅购买葡萄酒等。

274 能自带几瓶葡萄酒?

允许自带葡萄酒的西餐厅，通常都不会具体地限制自带葡萄酒的数量。但有时根据西餐厅的规定，每桌只能自带一瓶葡萄酒。如果自带太多的葡萄酒，西餐厅一方肯定会不高兴。因此，最好事先向西餐厅咨询一下。

275 应该自带哪种葡萄酒?

当然要选择同行人都喜欢的葡萄酒。如果自带的是对自己和客人有特殊意义的葡萄酒，那就锦上添花了。因此，最好选择在市场上（至少在那家西餐厅）难以购买的葡萄酒。作为特殊的葡萄酒带到了西餐厅，但是该西餐厅的葡萄酒单上有此品种葡萄酒，那么被招待的客人多少会感到失望。而且，最好不要选择价格过于低廉的葡萄酒，因为自带的费用有可能比在西餐厅购买并饮用的价格更高。当然，如果是不能用价格衡量且具有特殊意义的葡萄酒，就不用考虑那么多。

Q276 自带葡萄酒只能自己倒酒饮用吗?

因为已支付了“开瓶费”，所以可以要求提供葡萄酒服务。也可以试饮葡萄酒，需要换瓶时还可以向西餐厅提出换瓶要求。但是，在试饮后觉得味道不理想时不能提出更换的要求。如果葡萄酒存在问题，那只能是自带酒的人有责任，与西餐厅无关。

Q277 自带葡萄酒时该如何选择美食?

可以在侍酒师的帮助下选择与葡萄酒相搭的美食。这时，没有必要选过多的美食，但如果选的太少会失礼于西餐厅。例如，只选了一道菜，却饮用了好几瓶自带的葡萄酒，很有可能会被该西餐厅列入黑名单。

2. 自带葡萄酒的礼仪

Q278 什么是开瓶费?

开瓶费就是顾客将自己的葡萄酒带到西餐厅后享受西餐厅提供的服务而支付的费用，也被称为“corkage charge”，但这并不是准确的含义。在西餐厅，这就等于通过为顾客开启葡萄酒瓶并提供酒杯和服务，从而收取小费。这种费用会因西餐厅的不同而不同。有的西餐厅根据葡萄酒售价的一定比例收取开瓶费，或每瓶收取的费用都不同，因此最好提前向西餐厅询问。有时，开瓶费可能比饮用西餐厅里提供的葡萄酒的费用更高。

Q279 有只支付低廉开瓶费的方法吗？

开瓶费完全取决于西餐厅的经营方针，因此在某种程度上可以稍作调整。平时与西餐厅经理或管理人员友好相处也是一种好方法。如果是初次光临的西餐厅，那么最好事先与西餐厅负责人就费用问题进行咨询。最好的方法就是即使自带了葡萄酒，也表现出有在该西餐厅购买一两瓶葡萄酒的意愿，这样在开瓶费上可能会享受一定的优惠。

Q280 开瓶费必须要用现金支付吗？

不是。西餐厅一般会在结账时一同收取开瓶费。但有的地方更喜欢现金支付，因此最好提前咨询。

Q281 可以要求更换与自带的酒相同的葡萄酒吗？

如果西餐厅经理愿意给你更换，那他一定是性格非常好的人，或者是缺乏经营头脑的人。顾客自带的是“家庭用”葡萄酒，如果在西餐厅销售会违法（韩国法律），一经揭发就会受到停止营业等惩罚。因此，千万不能要求这么做。

四、参加葡萄酒活动

1. 葡萄酒活动的种类

282 葡萄酒活动有哪些？

最近，随着葡萄酒文化的普及，一般人也能参与的葡萄酒活动越来越多了。葡萄酒博览会、葡萄酒集市、葡萄酒晚宴、葡萄酒商务晚宴、侍酒师大赛等多种风格的葡萄酒活动正在如火如荼地进行。

283 怎样才能参加这些葡萄酒活动？

这些活动会在各种网站上有公告，如果感兴趣可以多多关注一下。特别需要关注各国的政府机关、葡萄酒进口公司、宾馆西餐厅、葡萄酒门户网站等。具体的网站如下：

名称	网址	主办方
法国食品协会	www.sopexa-china.com	法国农产品振兴公司
葡萄酒观察家	www.winespectator.com	《葡萄酒观察家》杂志
品醇客	www.decanter.com	《品醇客》杂志
中国葡萄酒资讯网	www.wines-info.com	葡萄酒门户网站
逸香网	www.wine.cn	葡萄酒门户网站

Q284 葡萄酒晚宴与葡萄酒商务晚宴是何种活动?

这种活动大部分都在西餐厅或宴会厅等非公开场所举行。葡萄酒晚宴通常都以特定的葡萄酒或酒庄为主题而举行，可以与晚餐相搭配享受合自己口味的葡萄酒。而且，在与该葡萄酒的酿造商以及有关人员共进晚餐时，不仅能了解到关于葡萄酒试饮的一些内容，还有机会倾听他们特别的故事和酿酒哲学。葡萄酒晚宴是以享受美食为主的派对，而葡萄酒商务晚宴是以葡萄酒为主的派对。在这两种活动中，美食与葡萄酒的搭配是必不可少的。

参加这两种活动时必须身着礼服，这是一种礼仪，并且最好提前到达活动场所（通常应提前3小时）。举办这类活动的费用一般从几万韩元到几百万韩元（约合人民币几千到几万元）不等，因此必须事先预约。

285 如何参加葡萄酒博览会?

葡萄酒博览会是在宽敞的会展中心等场所，参加者以葡萄酒进口公司为主而举办的，以形态与特定主题（如波尔多葡萄酒、纳帕葡萄酒等）为主，并由各葡萄酒协会主办运营的一种形式。只要购买这类博览会的入场券就有机会试饮所有的葡萄酒。偶尔也能试饮到高价葡萄酒，不妨多走走。

2. 享受葡萄酒活动

286 在葡萄酒博览会上如何试饮葡萄酒?

事实上试饮上千种参展的葡萄酒是不可能的事情。为了更有效率地试饮，不妨自己先定一个主题，例如法国葡萄酒中的波尔多葡萄酒、“新世界”的长相思酒、意大利 2009 年份葡萄酒、价格在 10 万韩元（约合人民币 550 元）以上等主题，可以更专注地进行葡萄酒试饮。

287 参加博览会或试饮会时是否可以持续饮用自己喜欢的葡萄酒?

这基本上不成问题。但要记住，博览会是试饮葡萄酒的地方，而不是西餐厅或酒吧，而且在博览会上应确保其他人也能得到试饮机会。独自享用是缺乏礼仪的表现。

288 参加博览会或试饮会时要将杯中的葡萄酒都喝光吗?

西餐厅中提供的葡萄酒一杯约为 150 毫升，而在博览会中试饮的葡萄酒一杯约为 20 毫升。虽然量较少，但喝上一两杯便会感到醉意。尤其是因为没有与美食共同搭配，所以更容易醉。虽然会觉得很可惜，但可以将剩下的葡萄酒倒掉，甚至还可以吐出口中的葡萄酒。葡萄酒应倒到指定的桶里，吐出时应用手遮住嘴巴。当然，如果是自己喜欢的葡萄酒，喝完也无妨。

289 参加博览会或试饮会试饮葡萄酒时每次都要更换酒杯吗?

当然。为了进行正确的试饮，最好每次都更换新酒杯。但是像在博览会这样的场合，事实上是不可能的事情。虽然在试饮葡萄酒时都会用水涮一下酒杯，但这很麻烦又费时，所以不是什么好方法。在这样的场合，应该将杯中的葡萄酒都倒掉后换为其他葡萄酒。只是在饮用红葡萄酒后要换白葡萄酒时，或在饮用甜葡萄酒后想要试饮干葡萄酒时，就必须要更换新酒杯或用水涮洗杯子。

290 如何做品饮笔记?

最好的品饮笔记是如实地记录自己的感受。以下是经常使用的葡萄酒品饮笔记。

★ Wine Testing Note（葡萄酒品饮笔记）

Wine（葡萄酒名）	
Region（地区）	
Vintage（年份）	
Price（价格）	
Color（色泽）	
Aroma（香气）	
Taste（味道）	
–Acidity（酸度）	
–Sweetness（甜度）	
–Body（酒体）	

★ Wine Testing Note(葡萄酒品饮笔记)

Wine（葡萄酒名）	Suyai
Region（地区）	智利米埔谷
Vintage（年份）	2005
Price（价格）	15万韩元（约合人民币800元）
Color（色泽）	深红宝石色
Aroma（香气）	木莓、黑莓、树木
Taste（味道）	充满成熟的水果香气，富有矿物质和热情、新鲜的酸度，既甘甜又饱满的酒体。
–Acidity（酸度）	
–Sweetness（甜度）	
–Body（酒体）	

父亲的酒与我的葡萄酒 

酒对于我们来说意味着什么？减轻压力？商业接待？诱惑的手段？酒与人类的历史同步，也将继续传承下去。如今，酒已经成为一种商务礼仪，与人类有着密切的关系。酒之所以能有这么悠久的历史，其背后是否有坚实的哲学理念呢？

我认为，酒意味着“通”，即“心心相通”那个“通”，也是人们常说的“交流”所表达的那个“通”。回顾过去的历史，随着这种沟通的可能性的变化，战争与和平不断反复着。

我的父亲也经常借助酒进行沟通，但那种沟通主要在外面完成，导致与家人疏远。这不仅仅发生在我父亲那一代，也是如今工薪族的苦衷，经常由于业务与同事喝酒或者为了转换气氛与同事喝酒等行为导致与家人的关系疏远。

因此，我会以其他不同的方式喝酒，即喝葡萄酒。由于工作原因在外面喝葡萄酒，但一到周末也会陪家人们在家里喝葡萄酒。一旦喝了葡萄酒，平时寡言少语的我也会变得善谈起来，也会倾听妻子和儿子讲的故事。即使不是高价的葡萄酒，没有高级的菜肴，仍然会充满着欢声笑语。这就是真正的沟通。

虽然我的父亲选择借酒消愁，但我却选择借助葡萄酒来促膝谈心。这便是父亲与我在对待酒的态度上的差异。

五、此时要饮用这种葡萄酒

1. 接待关系友好的商务合作伙伴时

与品质优异的葡萄酒相遇，心情也会变得舒畅。因为好的葡萄酒会让人心动，就犹如安稳的休息一样。对于我来说，像朋友一样的葡萄酒是最好的葡萄酒。

葡萄酒也像人一样会慢慢变老。葡萄酒与我共同成长，并倾听着我的故事。即使不喝，只要注视着它，自然而然就能露出微笑。好久不见，便会想念。

好的葡萄酒并不一定是高价的、稀有的、著名的。就如同共同陪伴着我走过漫长岁月的朋友一样，好的葡萄酒是能与我共同分享回忆、共同诉说梦想的葡萄酒。虽然它们有时会比我更快地变老，但这并不是问题，因为朋友就是共同走过漫长岁月的那个人。

几年前，我第一次接触到了葡萄酒。它是非常开朗的朋友，就像调皮的捣蛋鬼一样没有任何皱纹。虽然年纪小，但使我非常心动。即便分开了，也让我长时间对它的样子感到好奇。我想念它那甜美的微笑。

两年后，我又遇到了那个朋友。它依然活泼，依然没有皱纹，但却已经成长为帅气的青年。少了一些调皮，多了一些成熟与礼貌。即使只是待在一起，也有一种提升我身份的感觉，迫不及待地想向别人介绍、炫耀它。它的未来更令人期待，使我开始信赖它。

快餐式文化已经开始支配现代人紧迫、刻板的生活。不仅仅是食物和工具，在人际关系上也是如此，存在着不少只顾各自利益而止于一次性见面的事例。但是，看那些成功的企业家，他们都与周围的人们保持着优秀的人际关系，他们与商务合作伙伴也像朋友一样友好相处。有些人说这是虚伪的、将不正之风伪装的一种行为，但因为商务都是建立在圆滑的沟通上，因此必须将人际关系置于首位，这是不能否认的一种行为。

为了持续友好的关系，双方需要共同成长。如果在商务活动中遇到和自己相似并且像朋友一样的合作伙伴，就不会产生负担，而且可以成为把自己的东西共同分享的好朋友。就如同帅气的朋友让我感到骄傲一样，这样的合作伙伴会令我愉快。

这种合作伙伴不是用金钱缠在一起的关系，而会成为共同经历漫长岁月的真正的朋友关系。葡萄酒也如此，就像珍惜合作伙伴关系一样精心酿造，未来更令人期待的葡萄酒便是来自安第斯山的 Suyai。

颜色呈深红宝石色，充满着木莓、蓝莓及黑莓的香气，富有水果味道，强烈的矿物质感令人回味无穷。

现实是冷酷的，商务活动也不断面临着威胁，但如果有与自己同行的正直的合作伙伴，那么每时每刻都会充满希望。我们因为有希望才会有梦想和未来。Suyai 在智利土著居民马普切人的语言里意为“希望”。能与共同走过漫长岁月并诉说希望的合作伙伴一同饮用这葡萄酒是再好不过的事情。

2. 想在葡萄酒专家聚会中留下深刻印象时

前不久，某一日刊以中国的 CEO 为对象对“除业务问题外什么事情最令你感到有压力”这一问题进行了问卷调查。令人惊讶的是，答案最多的是“选择葡萄酒的时候”。看完这则报道以后，我既感到惊讶，也进行了反省。

作为侍酒师会关注此次问卷调查结果中的两个事实：一是许多人因为选择葡萄酒而感到有压力，但这意味着人们对葡萄酒的关注度提高了；二是以侍酒师为代表的葡萄酒专家在向一般人介绍葡萄酒时讲解得太难了，这也是需要自省的。

不仅仅是 CEO，一般人在选择葡萄酒接待顾客或客人时，也常常会感到有压力。韩国人在选择任何商品时，对与该商品相关的人的依赖性超过该商品自身的质量和内容。如外国品牌的手机广告，内容会以强调产品的质量和性能为主；而韩国国产手机广告中则会出现著名的明星。因为韩国人重视人物，代表公司接待顾客的工作人员的个人素养、品格和姿势会成为展现公司整体水平的一种尺度。因此，与重要的顾客共同用餐时，要表现出对葡萄酒的了解，但不应用浅薄的知识不懂装懂，那样只会失去自信，而且会因此感到有压力。

在这种场合中，不需要对葡萄酒不懂装懂，更没有必要因为对葡萄酒的认知不足而感到有压力。选择葡萄酒不是用知识或能力，而是随自己的爱好来选择。

前几天，一位老顾客急匆匆打来一通电话。通话内容是让我帮他推荐一种能带去参加葡萄酒专家晚宴的葡萄酒。他因为与参加聚会的葡萄酒专家们相比，自己身为新手而存在一定的自卑感，但仍然希望能带上让他们意想不到的好葡萄酒。当然，世界上根本不存在“像魔术一样”的葡萄酒。不过，可以通过介绍十分独特的葡萄酒而震惊四座。

说到葡萄酒专家们的聚会，无疑就会有很多优质的白葡萄酒和红葡萄酒。因此，一般的葡萄酒吸引不了他们的视线。香槟固然好，但有轻浮的感觉。这时，不妨尝试一下既稳重又能留下深刻印象的年份波特（vintage port）。

波特酒是贯通葡萄牙北部的杜罗河流域生产的加强型葡萄酒，用葡萄牙语叫“vinho do porto”。波特酒在发酵的过程中糖分会减半，加入白兰地以后移至木桶里中止发酵，在维持糖分的状态下低温熟成 2 ～ 8 年。波特酒有白波特酒、红宝石波特酒、茶色波特酒、年份波特酒 4 种。刚酿造的酒呈红宝石色，但随着时间的流逝会呈金黄色，被称为“茶色波特酒”，是品质优良的高级葡萄酒。

年份波特酒通常会用于聚会的结尾。在正餐将要开始时，请侍酒师用小的醒酒器换瓶。在红葡萄酒中罕见的金黄色随着醒酒器的瓶身流下的时候，在座的人都会不约而同地惊叹。

移至醒酒器里的葡萄酒会比较少。因为年份波特酒在漫长的熟成期间会产生许多沉淀物，因此在换

瓶时会剩下20%左右在酒瓶里。换瓶后不仅能细细品味，而且也会觉得更加珍贵，同时期待值也会加倍。

年份波特酒采用充分成熟的葡萄酿造，因此充满着像果酱一样浓缩的水果香气和核桃等坚果类香气，使人联想到硕果累累的秋天风景，既温柔又甜美。年份波特酒在餐后与味道浓郁的奶酪共同品尝，可谓是完美的组合。既温柔又充满魅力的年份波特酒的优雅仿佛在悄声诉说着永恒。这种程度的酒无疑会成功惊讶到其他葡萄酒专家们。

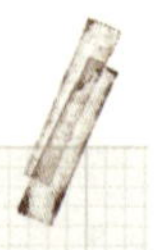

3. 打高尔夫时

做生意难免会去高尔夫球场，因为周围没有人来人往的喧闹，可以安安静静地运动并与合作伙伴交谈。在健身的同时还能谈商务，对于那些接待活动比较频繁的生意人来说这是必要的运动。在这种场合，如果接待的人过于紧张，那么气氛就会变得尴尬。此时，可以用简单的故事塑造舒适的气氛。而且，如果在运动后能饮用一杯葡萄酒，可谓是画龙点睛了。

有适合在这种场合饮用的最佳葡萄酒，那就是智利产的“1865”葡萄酒。“1865”是印在葡萄酒商标上的字样。在韩国高尔夫圈中它已被公认为高尔夫葡萄酒，可见它非常有名。它的含义是 65 次打满 18 个洞，这对热爱高尔夫运动的人们来说是理想的数字。因为只有投入更多的时间和金钱才能达到这一成绩，因此高尔夫人士们信奉“1865”也是一件理所当然的事情。

曾经有一个小偷经过长时间的计划，终于进入一户富人家进行偷窃。潜入空房的他仔细翻找了家里的每一个角落，但是没有找到任何钱及贵金属，他十分失望。他想，好不容易潜入到这户人家中，不能就这么轻易地离开。这时，小偷想起在一则新闻中看到那个富人喜欢葡萄酒。他虽然不懂葡萄酒，但打开葡萄酒柜后拿出了“年份最久”的一瓶葡萄酒。小偷随后在互联网上发了一则广告：“低价销售陈年葡萄酒，1865 年产的葡萄酒只卖 100 万韩元（约合人民币 5500 元）。”

小偷把商标上的数字误认为了酒的年份。

当然，这是利用故事营销的一则逸事，但的确是一个有趣的素材。因为这个故事，“1865”在韩国是销量最好的葡萄酒。

从“1865”这一数字受到启发，人们还开玩笑地称之为 18 ～ 65 岁的人喜欢饮用的葡萄酒。但实际上，“1865”是智利的酒庄——圣佩德罗的成立时间。“1865”卡曼纳葡萄酒呈强烈的龙胆紫色，充满着浓郁的莓果和香草、吐司的香气。其柔和的味道是在任何品种中都难以找到的，作为智利的代表性品种毫不逊色，既饱满又柔和。在舌尖上能感受到多种多样的味道，例如香甜的水果味、柔和的单宁酸、橡木味道等，与长长的余味一起提供极佳的风味，并且这种成熟的味道与韩国料理十分匹配。

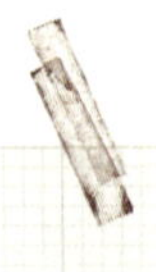

4. 在商务接待中想要争光时

在商务活动中，接待是至关重要的环节之一。过度的接待反而会破坏商务，适当的接待则可以强化与合作伙伴的亲密感，是相互理解的有效手段。但不是所有的接待都会令人开心，因此不能以完全相同的方式接待所有人。

尤其是接待不太喜欢的人时，那段时间可能是一种煎熬。这种情况大多发生在接待以前一起合作过但现在并没有什么关系的人，或在生意上需要维持友好关系但并不能感觉到其人格魅力的人。这时要花费大量经费接待他，虽然心疼钱，但必须要给他留下好的印象。在这种情况下应寻求有效的方法。

这时，绝对不能使对方感觉到在接待中被疏忽了。若能够给对方留下“我见你不只是因为商务，同时还要进行人格交流”这种印象，那便接待成功了。在这种情况下，不应选择令人费解的葡萄酒，而应选择简单但看起来高级，而且比较稳重的葡萄酒。比起“新世界”葡萄酒，“旧世界”葡萄酒更适合这样的氛围。

大宝酒庄（Chateau Talbot）产自法国波尔多圣朱利安（Saint-Julien）地区的特级葡萄园。这种葡萄酒也以“希丁克葡萄酒”而闻名，饮用过葡萄酒的人可能都听说过这个酒庄。

大宝酒庄的名字来自英法“百年战争”时参战的英国军人 John Talbot 的名字。他是英国军队的总司令官，在战争中壮烈牺牲了。由于这场战争的失败，将军一无所有，但却被载入史册。取得胜利的法国人欣赏敌军领袖 Talbot 的军人精神，将“大宝”这一名字作为高级酒庄的名字。

酒标上记载着“吉耶纳地区的领主——Talbot 总司令官曾经的领地 1400 ～ 1453”(Ancien Domaine du connectable Talbot Gouverneur de la Province de Guyenne 1400 ～ 1453)，纪念 Talbot 将军。

酒庄在宽广的土地上栽培着 66% 的赤霞珠，26% 的梅乐，5% 的小维尔多，3% 的品丽珠，并用手亲自收获葡萄。葡萄具有成熟的水果香气，在橡木桶中酿成，酒中隐隐约约地能感觉到香草的香气，营造出一种节制的氛围。这种葡萄酒当然能让你在同行人面前赢得光彩。

5. 想要从过度的压力中解脱时

如今，有几个人没有压力？是否存在没有压力的人？穷人想摆脱贫穷，富人则生怕失去自己拥有的东西而感到有压力。忙人因为太忙缺乏力气而感到疲倦，闲人则因无聊的生活而不知所措。这些都会成为压力。适当的压力在日常生活中可能成为一种激励，但大部分却是疾病的根源，因此要采取适当的对策。

最好的方法便是少受压力，但说起来容易做起来难。因为压力在生活中是难免的，因此采取适当的对策是最佳方法。所以，我们试图通过见朋友、参加热闹的聚会、喝酒来摆脱压力。但是，这种方法只能暂时地从压力中解脱出来，有时还会因之后的空虚感而更加乏力。

我们最大的压力不就是孤独吗？感到孤立无援，没有支持自己的人，自己需要承受一切，这种强迫性观念难道不是压力的罪魁祸首吗？如果你在人群当中、在热闹的聚会当中，都会隐隐约约地感到孤独，这便是使生活无味的一种情感。

感到孤独是因为不了解自己，需要时间来倾听自己内心的声音。只有独自一人时倾听内心声音的效果才会更明显。

这是思索与冥想的时间。不该因为独自一人而感到孤独。这时的自己是在与另一个自己对话。需要时间为辛苦的自己、疲惫的自己补充能量。我需要一种力量，这种力量犹如在春天里从黑土中穿过柏油路而生长出来的漂亮的绿芽。这时，不需要太稳重的葡萄酒。

派得欧尔（Piat d'Or）作为可以轻松饮用的香甜葡萄酒，受到各国领袖及贵族的青睐长达150多年。富含优雅的水果香气的派得欧尔直到现在都是法国的代表性葡萄酒，是丰富、多样的香气与味道相平衡的优质葡萄酒。

酿造此葡萄酒的葡萄是在法国南部的朗格多克－鲁西荣（Languedoc-Roussillon）地区栽培的。这个地区受到以石灰岩构成的土壤和日照量丰富的地中海气候的影响，能够收获成熟、结实、具有多种味道的葡萄，具备能够酿造出香气丰富的葡萄酒的风土环境。

特别是白派得欧尔呈亮黄色和绿色，能够感受到新鲜的柑橘和梨的香气，还有葡萄柚的新鲜感及清凉感，是充满水果香气的新鲜的葡萄酒。只要喝上一杯这种葡萄酒，所有的忧虑都会烟消云散，内心深处的另一个自己将会与自己展开对话。

6. 想与葡萄酒一起享受幸福的孤独瞬间时

在西餐厅上班的时候，我有好几位老顾客。能遇到在各种领域从事各种工作的人，对于我的人生来说是一种幸运，也是一种祝福。在那么多的顾客中，最吸引我视线的一位生意人，一周大约两次来我工作的西餐厅。多数时候都是与要接待的顾客一起光临的，但偶尔也会自己来。他的性格开朗豪放，充满才气，因此与别人在一起也犹为显眼，而且仿佛浑身上下都充满了活力。

但奇怪的是，当他独自光临西餐厅时就像换了一个人。他将身子深陷在椅子中，陷入沉思中毫不动弹的模样能够令人感受到无法捉摸的孤独。每当这个时候，他往往独自饮用一两个小时的葡萄酒以后便起身，仿佛从沉睡中醒来一般伸一下懒腰。与他熟悉以后，我问了他独自饮用葡萄酒的原因。

他回答道："我独自饮用葡萄酒的瞬间是幸福、孤独的瞬间。"

貌似帅气的回答，但我并没有真正理解此话的含义。

人绝对不能独自生存，而是与许多人形成关系并在那种关系当中生存。假如摆脱那种关系网而独自一人，我们通常会感到孤独。孤独使灵魂疲惫，使生活荒废。有的人因为承受不住孤独而做出极端的选择，永远都回不了头。

集万千宠爱于一身的明星做出极端的选择大多也是由于孤独引起的。

如何克服令人绝望的孤独呢？需要独处的时间。我们独自一人时才会重新发现自身的价值。因为独自一人时能与内心深处的另一个自己相见。当与另一个自己相见时，绝不会感到孤独。这大概就是前面那位所说的“幸福、孤独的瞬间”吧。

有非常适合这种瞬间的葡萄酒。在与内心深处的自己相见时，过于强烈的葡萄酒可能会妨碍安静的思考。推荐能使心灵平静的葡萄酒，即熟成的黑比诺（Pinot Noir）酒。

黑比诺酒是我想献给让我知道孤独的真正含义的人以及现在需要孤独的人的葡萄酒。不妨尝试一下产自美国俄勒冈州的 Cristom 黑比诺酒。

葡萄酒在口中回旋着华丽又优雅的味道，香气弥漫。桂皮和红莓的香气令人回味无穷，华丽的花香扑鼻，唤醒疲惫不堪的内心深处的又一个自己。

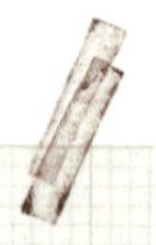

7. 想向尊敬的人表达谢意时

人的一生能有值得尊敬的人是一件很美丽的事情。如果还能与那个人关系好，那必定是一种幸运。

我们可能会尊敬历史上的伟人，但我们的周围也存在许多值得尊敬的人。他们既不懂深奥的哲学，也不追寻伟大的梦想，但能在我们的生活里起到向导作用。我们在忙碌或开心时将他们遗忘，但在遇到麻烦或孤独时就会向他们求助。所以有时会感到抱歉，想逃避他们，不好意思去拜访他们。

他们也会对我们表现出来的尊敬之心而感到不好意思。有时抽空去拜访他们，他们却会谦虚地说不用这么麻烦。但当我们疲惫或受到挫折时，他们总是会在那里向我们伸出温暖的双手。只要站在他们面前，我们就会变成小孩子、不懂事的人或新职员。他们是恩师、上司以及前辈。如果想借助葡萄酒向他们表达感激之情，那么最好选择具有传统和历史且能够被记住的葡萄酒，不宜选择过于轻浮或善变的葡萄酒。

托马斯·巴顿干红葡萄酒（Thomas Barton Reserve）是为了缅怀在1725年从爱尔兰移至法国设立B&G酒庄的托马斯·巴顿而酿制的。它因获得寻求欧洲高级葡萄酒的顾客们的信赖而快速成长，成为了波尔多最著名的葡萄酒商之一。托马斯·巴顿不仅在商业上获得了成功，而且将波尔多葡萄酒的品质提升了一个台阶，立下了汗马功劳。

18 世纪初，托马斯 · 巴顿不仅成为了梅多克酒的开辟者，而且还掌握了许多与生产地区相关的知识。他以葡萄酒酿造者闻名，许多葡萄酒专家把他当作自己的榜样。

托马斯· 巴顿梅多克干红葡萄酒（Thomas Barton Réserve Privée Médoc）中蕴含着他的酿酒技术与哲学。这是在树龄较老的葡萄树上收获少量成熟、结实的葡萄，并利用传统方法在法国橡木桶中发酵 18 个月以后熟成的葡萄酒。

它是由 60% 的赤霞珠和 40% 的梅乐相搭配酿制而成，呈深红宝石色，可以感受到其强烈的黑醋栗和胡椒味，轻晃酒杯就能闻到浓浓的摩卡香气。在口中能够感觉到既饱满又柔和的味道，令人回味无穷。

8. 向爱人表白时

世界上有许多美丽的人，也有许多美丽的故事。那些美丽的故事大部分都是爱情故事，男女之间的爱情故事总是会令我们心动。尽管少有牛郎与织女、罗密欧与朱丽叶、阿贝拉尔与爱洛伊斯等缠绵悱恻的爱情故事，但我们身边仍然存在许多男女之间的美丽爱情故事。

表白可谓是爱情故事里最精彩的部分。如今，应该成为男女之间最激动人心的表白也被当作一种商品而销售，对此本人感到遗憾，但这也说明越来越多的人把表白视为一种重要的过程。

向爱人表白后期待对方能接受自己的表白。表白是对所爱之人的情感胜过友情或初恋之情，是两人共同计划未来并发展成为更加亲密关系的决定性转折点。

这时应选择与此契机相匹配的葡萄酒。最好可以选择能表现自己的爱情，既轻快又坦率，既协调又有意义的葡萄酒。

在这种情况，我想推荐一下柏里欧酒庄（Beaulieu Vineyard，BV）。20 世纪初来到加州的德拉托尔夫妇在纳帕谷酿制的葡萄酒是夫人费尔南德以她丈夫的名字“乔治”命名的，并制作了标示有“乔治·德拉托尔”的商标。将亲手摘取的葡萄装在橡木桶里熟成 20 个月，颜色呈深红宝石色的这种葡萄酒，充满着莓果新鲜的香气和龙胆紫花香，仿佛是为了祝福两人而特意准备的。柔和的感觉、稳重的酒体给人一种爱情永恒的预感。

从德拉托尔夫妇这难舍难分的爱情故事中诞生的葡萄酒蕴含着爱情与尊重。不知是不是由于这个原因，从上市到 100 年后的今天，只要谈到夫妻间的爱情故事，总会有人联想到这款葡萄酒，从来不受时间和空间的限制。

表白不是前一段关系的结束，而是新关系的开始。不是令人心动的爱情故事的结束，而是更深的爱情故事的开始。造就“乔治·德拉托尔”这一名牌葡萄酒的夫妇的爱情便是如此。

9. 庆祝恋人的生日时

我们都很想把恋人的生日过得很美好，都希望与爱人一直快乐，每天都幸福。她能来到这个世界上是对我的祝福，难道不应该庆祝一下受到祝福的日子吗？如何表达我内心深处的爱与幸福呢？我想送对方一束美丽的鲜花，而且还想用精致的香槟纪念一下。

巴黎之花美丽时光（Perrier-Jouët Belle Époque）香槟是法国酒庄家族的子孙皮埃尔·尼古拉斯·派瑞尔（Pierre Nicolas Perrier）与阿黛尔（Adèle Jouët）结婚后在 1811 年开始酿制的。这种香槟被装在浅绿色的酒瓶里，瓶身上画满了白色的秋牡丹花，仿佛是一幅名画。这是玻璃工艺家艾米勒·葛莱（Emile Gallé）设计的作品。“巴黎之花”凭借这种华丽的组合很久以前就成为了全世界知名人士喜爱的葡萄酒之一。它不仅外观美丽，而且一直以如果熟成不好就不会酿制的执着信念管理品质，所以不管选择哪一瓶，都能够享受到令人满意的味道与香气，是非常罕见的香槟。

这种葡萄酒用 50% 的霞多丽、45% 的黑比诺和 5% 的莫尼耶比诺（Pinot Meunier）混酿而成，其味道与香气可谓一流。它很久以前就成为欧洲王族最喜爱的香槟，尤其是受到了维多利亚女王、拿破仑三世及利奥波德一世的青睐。

“巴黎之花”呈明亮的鲜黄色，给人轻松、纯真的感觉。起初仿佛没有任何香气，但能隐隐约约地闻到柑橘和桃子、

梨等新鲜水果和异国的水果香气。高含量的黑比诺以温和的味道铸成葡萄酒的整体骨架，少量的莫尼耶比诺将各种要素融合在一起，增加了葡萄酒的柔和度和稳重感。

只要喝一口此香槟，脑海里仿佛会出现一幅美丽的画。正如"美丽时光"这个名字一样，和你在一起的这个瞬间就是我人生的"花样年华"。

10. 想缓和双方父母见面的紧张气氛时

在西餐厅提供服务时，可能会遇到需要小心的状况。其中，没有比男女双方父母见面更有负担的场合了。

结婚乃人生大事，需要留下好印象，但可能会因某些失误使相对而坐的两家人始终处于尴尬的氛围中。

那是很久以前的故事，在我和我妻子结婚之前，双方父母见了面，场所是在韩国千户洞附近的一家西餐厅。我父亲非常喜欢酒，但岳父却相反。我是兄弟姐妹中年纪最小的，父亲此前已经历过五次双方父母见面，这是第六次，而岳父则是第一次。两家人在第一次见面的场合中都显得有些紧张，但我父亲可能是因为参加过好几次，也可能是因为他是寡言少语的农村人，看起来非常游刃有余。

两家人互相郑重地问好后，父亲便嘱咐我点酒。在这么好的场合当然少不了酒。父亲看到我要点啤酒，便马上吩咐我应该点烧酒，可能是为了给未来的亲家留下好印象吧。但问题是岳父大人的酒量不是很好，父亲连续喊了几次干杯，岳父大人迫不得已才举起了酒杯。虽然气氛变得融洽了，但两家的母亲都开始给老公使眼色了。当然，我的妻子也不知所措。父母见面就这样结束了，但现在想起来也有些后怕。如果当时我对葡萄酒有一些了解，也不用那么揪心了。

结婚不只是两个当事人的事情，而是两个家庭相见重新组成一个新家庭的出发点。家人之间会在互相体谅、忍耐时感觉到幸福。葡萄酒也是如此。全然不同的各种角色相遇可能会不和谐，但如果能完美地融合在一起，那必将会带来更大的感动。

第一号作品（Opus One）是由美国加州纳帕谷的罗伯特·蒙大维（Robert Mondavi）酒庄与酿制法国波尔多特级葡萄园一级葡萄酒的木桐庄园（Château Mouton-Rothschild）合作，由法国波尔多的汗水和美国加州的阳光相融合而酿成的。

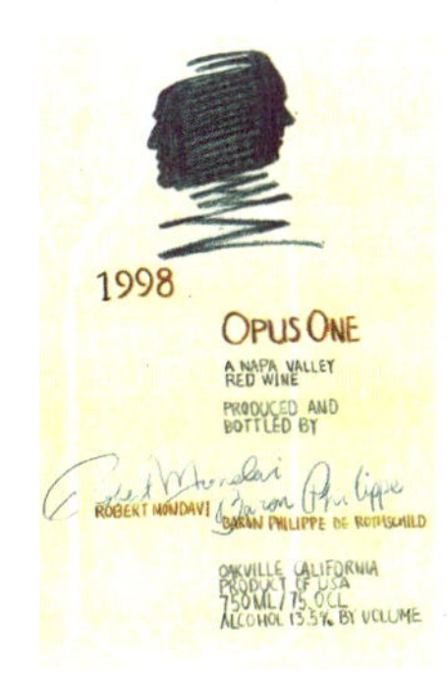

活灵魂（Almaviva）是法国的木桐嘉棣公司（Baron Philippe de Rothschild）和智利的干露酒庄公司（Viña Concha y Toro）在 1997 年合作并在 1998 年开始生产的葡萄酒。“旧世界”与“新世界”两个葡萄酒强国的合作诞生了新的葡萄酒。所用的葡萄也是各种个性突出的赤霞珠、卡曼纳以及品丽珠、梅乐、小维尔多。

这种葡萄酒最适合在男女双方父母见面的场合喝。

11. 过情人节时

年长的人多数都不太讲究情人节，但情人节在相爱的年轻男女之间已成为了一个重要的节日。年轻人每到 2 月 14 日就会互相赠送香甜的巧克力，并确认彼此之间的爱情。

对于情人节的由来，一种说法是在罗马时代，神父圣瓦伦丁违背为了让更多的成年男子参军的克劳迪乌斯二世下达的不许结婚的命令，继续为相爱的年轻人举行教堂婚礼。2 月 14 日那天，圣瓦伦丁在地牢里受尽折磨而死。为了纪念他，将军人的婚配圣事定在了 2 月 14 日。也有人主张是信奉了西方国家的鸟儿在 2 月 14 日这一天开始交配这一说法。

赠送巧克力的习惯是从 19 世纪开始在英国流传的，一家糕点制造商主办了赠送巧克力表白爱情的活动，从那以后那一天就成为了表白爱情的日子。虽然糕点制造商将这一天用于商业用途而吵得沸沸扬扬，但不能否认，这一天对于年轻人来说是表白并确认爱情的特殊日子。

这一天，如果觉得只赠送巧克力还不足以表达自己的爱慕之情，本人想推荐一种特殊的葡萄酒。

凯隆世家庄园（Château Calon–Ségur）干红葡萄酒用于情人节表白也毫不逊色。这种葡萄酒是梅多克特级葡萄园第三等级葡萄酒，是圣爱斯泰夫（Saint-Estèphe）地区最好的葡萄酒之一。

凯隆世家侯爵同时拥有有着“梅多克一级葡萄酒”之称

的拉图酒庄（Château Latour）和拉菲庄园（Château Lafite Rothschild）。就如“我虽然在拉菲和拉图酿造葡萄酒，但我的心却在凯隆世家”这句话一样，我对这葡萄酒爱不释手。

商标上印有城堡的全景。两层的城堡周围有许多树，它的前面种植着许多葡萄树。这是一幅朴素的图画，在看起来可能很俗的爱心图案里印有“凯隆世家”与村庄的名字。商标上的爱心图案，象征着对主人——凯隆世家侯爵的怀念之心永远不变。

这种葡萄酒颜色呈深红宝石色，混合着干草、辛辣的香辛料、浓缩的黑樱桃果酱、黑醋栗等香气。其所含有的单宁酸能够长时间弥漫在口中。这种葡萄酒在特殊的日子向特殊的人表达心意时饮用会很出色。

12. 与相爱的人和平分手时

就算不引用哲学家亚里士多德的“人在本质上是社会性的动物”这一定义，也能够领悟到社会关系对人的重要性。我们平时会与许多人相见相遇，但是相见再多，分手也是避免不了的。我们的人生就是相见与分手的延续。

就像“葡萄酒的第一口与最后一口哪一个更重要”这种愚蠢的问题一样，相见与分开哪一个更重要这一问题也是毫无意义的。如果仍需要答案，我认为是分开。我们常常对新的相见期待、心动，但世界上不存在永久的相见。每个人都会离开父母的身边，或搬家、离职，或结婚、离婚，或死去。任何人在其人生中都避免不了与人分开，而且分开的人会将他（她）最后的模样铭记在心。我相信一直以准备分开的心态生活，而且美好的分手比心动的相见更重要。

对于好葡萄酒来说第一口虽重要，但能够留下余味才有被称赞的资格。人际关系也是如此，不是吗？想给第一次相见的人或者现在所见的人留下好印象是理所当然的事情。但想要关怀再也不能相见的人，揣摩他（她）的心情是很难的。

若观察像葡萄酒一样被别人称赞的人，就会发现他们在分手时不会后悔与埋怨。分手也要有技术。因此，我们将这种分手描述为美丽的分手。

与相爱的人分手是一件非常痛苦的事情。许多人因失恋而萎靡不振。但如果这种分手是无法挽回的，那么就应把分手当作是相见的一部分，寻求美好分手的方法。

从某种角度上来看，相见可能是分开的另一种表达。如果说相见是使我成为对方的一部分，并使对方成为我的世界里的一部分的过程，分开则是让我将对方永远记在心上并创造未来的过程。从美好的分手中能够学到真正的爱情与关怀。

因此，在分手的场合需要美丽的葡萄酒。我想推荐酩悦（Moët & Chandon）香槟作为分手时饮用的葡萄酒。细腻的泡沫、水果的香气和花香以及持久新鲜美妙的像奶油蛋糕颜色的液体，仿佛在诉说着我们美丽的往事。

酩悦香槟由霞多丽和黑比诺、莫尼耶比诺混酿而成，拥有260多年的历史。法王路易十五与他的恋人蓬皮杜夫人在宴会中经常饮用它，拿破仑在退位前也是如此，可见这种葡萄酒是非常出色的。尤其是在1842年问世，在19世纪60年代上市的Brut Imperial，是酩悦香槟中的名品。另一款名品是在1930年从Eugene Mercier那里收购的唐·培里侬（Dom Pérignon），它在1936年初次亮相。唐·培里侬的名字源自于奥维耶（Hautvilliers）修道院酿酒人的名字。他在用红葡萄酿造红葡萄酒时失败了，结果却发明了香槟。他也是第一个发明葡萄酒软木塞的人。

酩悦香槟美丽的香气与新鲜感仿佛在诉说着两人的命运，即虽然对幸福的时光恋恋不舍，但必须像消失的气泡一样互相遗忘。

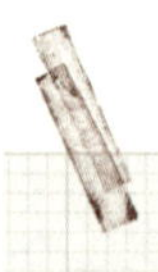

13. 想在节日与家人一同分享时

新年与中秋是韩国人的两大节日。在遵循儒家道德观的韩国，每逢节日就会出现令西方人晕头转向的民族大迁徙。而且，全家人在一起聊天，回首过去，一起哭，一起笑，充满了欢声笑语。啊！能回到家人的怀抱是多么幸福的一件事啊。因此，没能买到回故乡的火车票的子女们都非常着急，随之便会出现年迈的父母从家里打包一大堆东西带给子女们的情形。

但是，好事多磨。节日里不只有开心的事情，还可能会有不开心的事情。每个家庭都会有忧虑与矛盾，特别是“节日综合症”是每年都避免不了的难题，尤其是女人们的不满会非常多。女人们忙于准备祭祀、接待客人、做家中的各种杂事，此时会非常看不惯游手好闲的男人们；迫不及待地想回家与父母和兄弟姐妹团聚，但老公丝毫没有要起身的意思；拜访本家的老公也是有苦衷的，但老婆就是烦他；因受到家长文化的影响而被排斥的儿媳妇们充满了不满，平时关系不好的夫妇会因此吵架导致离婚。在新闻报道里常常能看到节日后离婚率增加的相关信息。

我的一位朋友利用葡萄酒克服了“节日综合症”。准备好菜肴后，全家人都端坐在摆满菜肴的餐桌前。这时，我的朋友就像老练的服务员一样在家人面前精心地摆放葡萄酒杯。儿媳妇们只要看到长辈们高兴的样子，就会将那期间的辛苦都遗忘掉。这位家长朋友展现出他的服务热情，将准备好的葡萄酒拿出来并开启，给妻子和儿媳妇们一个眼神，示意她们辛苦了，并一一倒酒。这时，女人们脸上都呈现出了幸福的笑容。

此时，准备节日菜肴时沾上的满身油味仿佛也因葡萄酒的香气而瞬间消失。伺候父亲一辈子的母亲也挡不住那美丽鲜红的葡萄酒的诱惑。孩子们举起用水稀释的葡萄酒，迎合着爷爷的举杯，第一次细细品尝葡萄酒。

啊！好甜！好新鲜！节日的疲劳因这一口葡萄酒而烟消云散了，食欲也重新回来了。

在这种场合适合饮用起泡较弱的、香甜的意大利产的巴格列图（Angel Heart, Brachetto）。

巴格列图的樱桃香气能赶走油烟味，那新鲜的酸味与甜美，以及那少量的碳酸能够使油腻的菜肴变得新鲜。全家人的脸上都呈现出幸福的笑容。

这种葡萄酒的商标上印有爱心图案。以天使的爱心（Angel Heart）使全家人互相关爱，这就是幸福的象征。

14. 想以特殊的方式庆祝子女的生日时

现在有些年轻夫妇因为某些原因而不想生孩子。但只要是父母，都会懂得子女带来的幸福感是无可比拟的。可爱的孩子向自己微笑或者在自己的怀里睡着时，就好比拥有了整个世界。会有想把世界上最美丽的东西给我们的孩子的想法。

转眼间，孩子也开始上学，遇见相爱的人，然后结婚并组成自己的家庭，离开父母的身边。但是对父母来说，孩子永远都是孩子。父母能给孩子留下的最贵重的遗产不是钱或物质，是一起经历过的瞬间，一起分享过的回忆。随着时间的流逝，父母离开孩子是人之常情。就算父母去世了，与父母的回忆也会永远地埋藏在孩子的心里。

让罗斯柴尔德家族兴起的是梅耶 · 罗斯柴尔德（Mayer Amschel Rothschild）。作为银行家的他有 5 个儿子，他们各自生活在伦敦、法兰克福、维也纳、那不勒斯等世界各地。有一天，临终的梅耶 · 罗斯柴尔德将 5 个儿子聚集在了一起。然后，给他们每个人分发了一支箭，并吩咐他们把箭折断。孩子们都轻松地将箭折断了。

随后，父亲又吩咐孩子们将 5 支箭同时折断。但是，没有一个孩子能将 5 支箭同时折断。看到这一场景的父亲开口说道：“尽管你们生活在世界各地，但只要你们齐心协力，就能像这 5 支箭一样不被折断。”

拉菲庄园（Château Lafite-Rothschild）。这一葡萄酒呈

深红宝石色，既细腻又坚实，富含单宁酸，能够感受到李子、黑岩以及香辛料相混合的香气。作为给人一种既鲜醇又节制的感觉的葡萄酒，其余味长存，可以熟成 25 ～ 50 年。

购买两箱酿制年份与孩子出生年份相同的此种葡萄酒并让它熟成，待到孩子长大成人，每年生日开启一瓶与家人共同享用。与孩子一起分享像葡萄酒熟成一样渐渐成熟的孩子的成长故事也能成为一种快乐。然后，在孩子的婚礼上摆上几瓶这样的葡萄酒。随着时间的流逝，就算父母离开了孩子的身边，孩子每当看到拉菲都会记起与父母在一起的儿时回忆。

答案快速链接

Case 1 男女初次会面时

Q 3, Q 8, Q 13, Q 14, Q 67, Q 107, Q 256, Q 260, Q 261, Q 262.

Case 2 女朋友纪念日时

Q 3, Q 8, Q 9, Q 13, Q 14, Q 107, Q 261, Q 266, Q 268, Q 273.

Case 3 与朋友们聚会时

Q 3, Q 4. Q 6, Q 7, Q 8, Q 14, Q 107, Q 257, Q 261, Q 266.

Case 4 接待客户时

Q 1, Q 4, Q 10, Q 67, Q 107, Q 246, Q 260, Q 266, Q 267, Q 268.

Case 5 参加葡萄酒试饮会时

Q 2, Q 3, Q 56, Q 58, Q 64, Q 66, Q 68, Q 107, Q 285, Q 288, Q 290.

Case 6 公司职员聚餐时

Q 10, Q 68, Q 86, Q 87, Q 93, Q 107, Q 216, Q 252, Q 258, Q 262.

Case 7 举办乔迁喜宴时

Q 3, Q 68, Q 86, Q 93, Q 107, Q 216, Q 252, Q 258, Q 266.

Case 8 招待恩师时

Q 3, Q 68, Q 79, Q 235, Q 246, Q 253, Q 258, Q 266, Q 267, Q 287.

问题索引

PART 1 葡萄酒，知则为真看

PART 2 葡萄酒，会享受才会好喝